金商道

The positive thinker sees the invisible, feels the intangible, and achieves the impossible.

惟正向思考者，能察於未見，感於無形，達於人所不能。 —— 佚名

一流企業

如何打造致勝文化

對手偷不走、
危機擊不倒的隱形優勢，
寫給領導者的團隊文化實戰指南

麥特・梅貝里 —— 著　陳文和 —— 譯
Matt Mayberry

Culture Is the Way

How Leaders at Every Level Build an Organization for Speed, Impact, and Excellence

各界推薦

「這是一本切中要害的書。作者麥特．梅貝里曾為職業運動員，他從親身經驗和商業世界諸多範例之中披沙揀金，為力圖打造卓越企業文化的所有階層領導者，寫成了這部發人深省的指南。」

——丹尼爾．品克（Daniel H. Pink），《紐約時報》暢銷書排行榜冠軍作家，著有《後悔的力量》（*The Power of Regret*）、《動機，單純的力量》（*Drive*）、《什麼時候是好時候》（*When*）等書。

「領導者最重要的職責在為團隊與組織策進文化。企業文化不只是一件事情，而是一切。這部精湛無比的書將教導你，如何採取行動來創建冠絕全球的企業文化。我極力推薦這本書。」

——強．高登（Jon Gordon），暢銷書作家，著作包括《積極領導的力量》（暫譯，*The Power of Positive Leadership*）和《記得你對自己的承諾》（*The Carpenter*）。

「作者麥特在本書中清晰地闡釋了，為何組織各階層領導人理應打造優質企業文化，使員工能夠深度參與、致力於造就企業贏得成功。心繫公司的員工將具有更高效的生產力、更加專心致志，也更富於合作精神。麥特為企盼建構卓越文化者寫出了扣人心弦的手冊。它是所有領導人必讀之書。」

——吉姆・林奇（Jim Lynch），歐特克（Autodesk）公司建設解決方案資深副總裁暨總經理

「麥特號召全體領導者開創傑出文化的勵志呼籲實在振奮人心。他以原創的、啟發人心且富洞見的方式傳達了訊息。在本書每個章節裡，你將發現自己正妥善進行的事情獲得了肯定。更重要的是，它指引並啟迪你去辨識和實行更多創造優異團隊文化的新方法。對於任何期望改造團隊、組織和自己的人，我極力推薦這本書。」

——喬・沃爾許（Joe Walsh），直接聯邦信貸聯盟（Direct Federal Credit Union）總裁暨執行長

作者按語

書中某些插曲、事例和對話是出於我的寫作構思，請不要逐字逐句解讀，儘管它們全部都是根據真實人物、執行結果、商務活動、諮商會談，以及重大事件。但基於匿名的要求，我更改了書中某些地點和企業的名稱、特徵及特質。

致謝詞

寫書從來不是單打獨鬥的事情，這部著作也不例外。如果沒有人生中諸多貴人協助，我不可能總結手稿並完成此書。感謝我優秀的妻子歐柏睿（Aubry）無與倫比的耐心。謝謝總是全力以赴的經紀人凱蒂・柯奇曼（Katie Kotchman）傾聽我那些狂野的構想，並且鼓勵我勇往直前。

我也要對 Wiley 出版社表達謝忱，貴社不但信任我，更對本書寄予殷切的期許。責任編輯李察・納瑞摩爾（Richard Narramore）始終惠我良多。

感謝唐娜・皮爾斯（Donna Peerce）的種種貢獻、極具成效的討論，以及對所有細節一絲不苟的態度。

如果沒有百忙中抽空受訪的所有商界領袖鼎力相助，這本書不可能問世。我從你們分享的資訊和各位的領導力獲益良多。

每一位客戶，以及把最珍貴資產、人員託付給我的各組織與領導人，對我來說都是不可或缺的。我從不認為這只是工作。對於每一次機會、我們彼此之間形成的關係和相互合作的過程，我始終深感榮幸。

推薦序

讓人才如魚得水，績效才能如魚得水

文—李瑞華

本書作者麥特．梅貝里年輕時是美式足球專業運動員，對文化如何影響球隊的績效和球員的狀態，以及教練如何塑造高效球隊文化感受深刻，他後來成為管理顧問和激勵演說家，幫助領導者建立以迅速、影響、卓越為核心的高效組織。因為他特殊的背景和經歷，能幫助讀者跳脫框框，從不同的視角去反思如何有效經營組織文化。

企業文化是危機存亡之關鍵

很多人形容文化是企業的靈魂，沒有靈魂就只是行屍走肉的軀殼。像靈魂一樣，真正的企業文化看不見、摸不著，但能感受得到，而且在最深層次形成企業獨特的、潛意識的組織生態，進而影響吸引、排斥或留住什麼人，以及這些人的心態和行為及他們之間相互吸引及依存的關係。健康的文化會形成良幣驅逐劣幣的正向循環，不健康的文化則形成劣幣驅逐良幣的惡性循環。經過長期發酵後，「虛」的文化卻非常「實」地影響企業的體質和發展，在關鍵時刻，甚至可能決定其存亡。

新冠疫情如海嘯般淹沒了許多企業，但也有一些企業如浴火鳳凰一般更上層樓。企業文化如同面對病毒的自體免疫力，幫助企業面對突如其來的危機和挑戰。英國前首相溫斯頓・邱吉爾（Winston Churchill）說：「不要浪費了一場好危機」，作者麥特希望領導者經歷了這場疫情，能更重視企業文化，他選擇在這個時候出版這本書，期望能幫助企業建構和強化組織文化，以更好的狀態面對下一場不可預測的危機。

不管有沒有認真經營，每個家庭和學校都有自己的家風和校風，每一個企業也都有自己的企業文化，差別在有意識形塑自己要的、最適合未來發展的，或無意識地形成，等到你發現它不是你要的，要打掉重練得付出很高的代價。經營企業文化就像國家公園，圈一塊地特別保護經營，讓企業的微觀環境，有別於外在的產業或社會宏觀環境，開始時人為介入，塑造符合需要也符合自然規律的生態，讓這個環境中的人事物能夠自然健康地成長。

每一個企業都有一套顯規則，這是管理者人為介入希望形成的環境生態。其實真正在運作，也反映真實企業文化的是另一套潛規則，如果潛規則和顯規則是一致的，表示企業文化經營得不錯；如果是說一套做一套相互違背，企業文化就只是包裝的表相甚至是假相，或只是管理者鄉愿的期待。

巧妙地結合「道」與「術」

作者在本書中提出了許多具體的操作方法，那是「術」的層面，我覺得更重要的是感悟其背後更深層次的「道」，以及他如何巧妙地道術結合。「企業文化」不是目的，也不只是為了讓領導者、員工或外人感覺良好，而是為了實現公司的願景和使命的必備要件。作者在第10章引用了麗思卡爾頓飯店（Ritz-Carlton Hotel）共同創辦人霍斯特．舒茲（Horst Schulze），他說：「新員工理當學會最重要的事情……是領會公司的本質、夢想及存在的原因」，在第12章又再引用舒茲：「除非你的組織具有目的，並且促使員工與此目的協調一致，否則你將難以成為高效的領導人」。

鮮明的企業文化，能吸引並且凝聚志同道合的人。孫子說：「上下同欲者勝」，企業文化像水，員工就像水中的魚，營造良好的企業文化，形塑健康的組織生態，是領導者的重要責任，好水養好魚，讓人才如魚得水，企業的營運和績效才能如魚得水！

（本文作者為政大商學院教授）

推薦序

一本人資工作者必讀經典之作

文—盧世安

「什麼是企業文化？」

「為什麼企業文化對一家公司非常重要？」

「人資工作者在塑造企業文化中可以扮演什麼角色？」

上述三個很難回應的問題，都在本書作者麥特・梅貝里（Matt Mayberry）的《一流企業如何打造致勝文化》提出了具有說服力的論述以及精闢入釐的觀點。

麥特・梅貝里作為一位專注於組織行為和企業文化的知名企業教練，旨在幫助企業建立「強大」的企業文化。他在本書將企業文化定義為一個組織的「靈魂」，強調核心價值觀在塑造文化中的重要性。他認為員工參與是企業文化成功的關鍵，但領導者在塑造文化中的角色也是不可或缺的。麥特信手拈來舉出多個實際案例證明觀點。

同時，麥特也在書中不斷強調：企業文化不僅是一個抽象概念，而是一個具體影響組織績效的因素。他認為良好的企業文化能夠提升員工的工作滿意度和生產力。在書中他用許多實際案例來說明，建立和維護良好的企業文化對企業的諸多效益。更難得的是，這是一本很「實做型」的書，他提出了一套完整的企業文化評估的方法論，提供了一系列具體的行動計畫和工具來幫助有心的讀者，如何有效改善其企業文化。書中還探討了不良企業文化可能帶來的風險和後果，但書中也強調企業文化是一個持續改進的過程，這對於企業在人力資源的長期計畫和發展有著重要的啟示。

「個體性」與「團體性」教練

有鑒於這是一本由企業教練所撰寫的書，所以接著我想切換視角小談一下：關於企業教練的「個體性」與「團體性」兩者差異。

傳統上，企業教練的對象就是個人（個體），並不存在將「團體」作為教練的對象。也許你曾聽過「團體教練」模式，但這個模式主要還是指用教練「個體」，擴張運用在一個團體（其實往往是一個人數不多的小組）。而本書作者則是開拓了企業教練的「邊界」，將企業教練的指涉範圍，擴張到「團體」（抑或組織）的層面，這個突破讓我不禁忍不住小小整理了一下，企業教練的「個體性」與「團體性」的對比。

企業教練所謂的「教練個體性」是指：在個體層面上，企業教練主要關注被教練者的個人能力發展和思考啟發。而所謂的「教練團體性」是指：在團體層面上，企業教練關注協助團隊合作和增益組織文化；個體性教練會根據每個被教練者的需求和特點來定制教練計畫，注重與被教練者建立深度的情感連接與深度互動；團體性教練則傾向於使用一些標準化工具和方法，更注重促進團隊成員之間的廣度互動和合作互動。另外，個體性教練通常是短期和目標導向的，而團體性教練則更注重長期組織發展。個體性教練常用的衡量指標，包括員工滿意度和個人績效，而團體性教練則更多地使用團隊績效和組織健康度作為衡量指標。

綜上所述，企業教練在個體性和團體性，是不同層面上的兩種角色。以往企業教練關注的重點都在受教練的「個體」上，但未來企業教練恐怕需要更關注在組織「團體」上。要如何集體接受教練的啟迪，追求平衡個體性與團體性在企業教練中的應用，並且透過「個體性」和「團體性」的連結，來促進企業文化的建設，本書作者麥特就做了一個極佳示範。

多角度剖析企業文化

除了作者麥特在教練領域的突破外，讀完本書後，我發現它不僅僅是一本關於企業文化的書，更是一本跨學科的著作。它涉及到心理學的員工滿意度，經濟學的成本效益，社會學的組織行為，甚至政治學的領導與權力動態。本書都提供了深入視角，讓我們能夠更全面地理解企業文化的多面性和重要性。

對於像我一樣專注於人資管理的工作者來說，這本書對企業文化主題不僅提供了實用工具和策略，更重要的是，我們可以看到，良好的企業文化能在多層面產生積極影響，從提升員工滿意度和生產力，到降低風險和提升企業形象。因此，作為人資工作者，我們需要跳出傳統的框架，用一個更全面和跨學科的視角來看待和管理企業文化，挑戰了我們對企業文化的固有看法。

總之，無論是人資工作者、企業領導者，還是對企業文化有著濃厚興趣者，我都強烈推薦你閱讀此書。它將會改變你對企業文化的看法，並提供需要的相關工具和知識，以應對這個不斷變化的商業世界。

（本文作者為人資小週末創辦人）

推薦序／看不見的三四％影響力

文－胡馨如

有幸搶先一步看完知名企業教練麥特．梅貝里（Matt Mayberry）的大作，心裡直呼太讚了！我的職志就是在幫助高階主管們工作輕鬆、績效高，從過往輔導經驗來看，領導者與經理人雖然專業技術厲害，但影響績效高低的關鍵因素只有一個，那就是「人」；對人有更大影響力的領導者，績效更好。因此，麥特在這本書裡分享的觀點與做法，我不只十分認同，還要推薦給高階主管們都讀一讀、學起來、用起來。

企業文化＝班風

麥特提出的關鍵點是：組織績效的成與敗，是領導者或經理人帶出來的組織文化所致。如果你覺得「組織文化」這個字眼很學術味，不妨把這個字眼代換成「班風」。以前上學時，每個班級都有自成一味的風格，這個班級比較沉悶，那個班級比較不拘小節，這就是班級特質。班風雖是集體造就的，但關鍵人物比如班導師、班長對班風的形塑影響很大。

班導師、班長相當於企業組織裡的CEO與高階主管們。組織文化會自然形成，但也可以經過特意引導並為企業組織所用，進而成為企業組織的競爭優勢。要形成這樣的競爭優勢，其實十分考驗CEO與高階主管們的領導力。

權力並非領導力

有次，某位二代企業家告訴我麾下一位總經理管理帶領團隊的方式，我分析道：「這位總經理所展現出來的是官僚型領導風格。也就是說，如果沒有總經理這個頭銜，他根本叫不動任何人，與其說是領導力，正確地說，這位總經理只是擁有了權力。」

權力不是領導力。管理大師彼得・杜拉克（Peter Drucker）曾解釋過領導力的重要性，他說：「如果有一件事是大部分管理者非學不可的，那就是如何好好處理當權威、秩序都不存在時的關係。」

企業文化為何常被忽略？

足球隊教練做的事，跟CEO要做的事完全一樣。CEO的主要職責是帶領團隊，承擔成敗，透過眾人之力達成企業組織的目標。績效是靠人做出來的，員工的表現就是CEO領導力的成績單。但不同的是，教練會對球員們不斷地訓練、提高、再訓練，反覆檢討每次球賽中每個球員的表現，以及自己作為教練的表現。教練很在意自己的領導力表現，畢竟球賽的結果一翻兩瞪眼，贏就是贏，輸就是輸，這中間沒有模糊空間。

但商場上沒有球季 on 與 off 的概念．這一季績效沒達標，那就下一季追回來．導致建設團隊文化這麼重要的事 yfiku 被忽略了。

麥特把在美式足球隊的經驗轉化為商場應用的做法。為了幫助領導者領略領導力如何塑造組織文化，麥特在書中分享了許多案例，包括波音、福特、百視達、谷歌、星巴克等曾經走過的路，並且以輔導過的企業為例，說明該如何成功打造公司組織文化的全過程。

除此之外，麥特還大方分享打造世界一流企業文化五步驟流程（第5章），以及一些相應的工具如：企業文化卓越的五大障礙，與攻破障礙的策略與步驟、領導者啟動文化變革之旅的行動方案（第8章）、企業文化實踐上的六大痛點（第6章）等等，對有心打造企業文化者來說，這是一本非常實用的工具書。

三四%影響力

組織文化從來都不是口號，領導者透過建設組織文化，進行組織蛻變，凝聚人心，激勵團隊贏家心態，增強對自身能力的信心，以及鼓舞組織邁向卓越。傑出的體育教練深諳團隊文化的力量，商場上CEO們若能懂得其中奧祕，必然能調動團隊裡的每一個人，績效自然會提高，自己也會輕鬆很多。

當我們提到這些看不見、摸不著的軟實力，如組織文化與CEO的領導力有多重要時，往往讓人很難信服。然而，本書也在第4章以勤業眾信（Deloitte）的一項領導力研究，給出確切答案。研究發現：那些被認為具備強烈領導力的企業平均股價溢價達一五%，而欠缺有效領導力的企業平均股價折價為一九%，這股價一上一下的差距就高達三四%幅度，夠具體了吧，而這就是——領導者看不見的三四%影響力。

（本文作者曾任陶氏化學〔Dow Chemical〕大中華區公關部總經理、P&G亞太區對外溝通部總經理，現為國際五百強企業教練，客戶為微軟、麥當勞、海尼根等企業）

目錄

一流企業如何打造致勝文化

第1章

企業文化真那麼神？向美式足球教練請教

在員工率先喜愛自家公司之前，顧客絕不會愛上這家企業。

——賽門．西奈克（Simon Sinek），《先問，為什麼？》（*Start with Why*）作者

我最初是從美式足球「團隊」學習到企業文化。身為印第安納大學（Indiana University）美式足球隊員時，我首度發現了企業文化的非凡力量和潛能。當年球隊的總教練泰瑞・霍普納（Terry Hoeppner）是我有幸認識的最卓越人士之一。我曾在首部著作《事業與人生克敵制勝之道》（暫譯，*Winning Plays*）裡，廣泛地談論這位不同凡響、激勵人心、熱情洋溢的男人。

我們稱他為「霍教練」。當霍教練初來乍到時，印第安納大學校隊在美式足球十大聯盟（Big Ten Conference）還是個笑柄。眾所周知，我們最擅長的是舉辦車尾野餐派對（tailgate parties），而不是帶給球迷振奮人心的觀賽體驗。

在霍教練接掌之後，印第安納大學美式足球隊開始變得活力十足，而且對未來滿懷憧憬。霍教練帶有近乎神奇的光環，當人們與他相處時，能夠感受到他的開放、親切和友善。他相信我們的球隊深具潛力，有朝一日將會大放異彩，而且他據此採取相應行動，堅持不懈地對我們闡明，球隊推行企業文化變革的重要性，還為球員們設定嶄新的預期目標。他做的每件事情，不論是在團隊會議前分享最愛的詩作或名言佳句，或是每有機會就激勵和教導我們，一貫地為球隊的未來願景破除種種藩籬，並使我們在革新陳舊信念上做好準備。

霍教練後來在我大二時因宿疾逝世。我確信印第安納大學當時每人都因他驟然辭世而潸然淚下，畢竟他是校內最傑出的一員，更留給大家衷心懷念的回憶，以及永難磨滅的印象。

我們球隊把即將來臨的球季獻給可敬的霍教練。我們在球場上延續他的熱情、願景和精神，並且在那一年最終打進季後賽，是我們校球隊睽違十四年後，首度重返季後賽。是的，整整十四年！當時我們的球技並沒有極度提升，因此不是憑天分為球隊破除了魔咒。而且和我們對戰的依然是一些最頂尖的大學美式足球隊，當中包括俄亥俄州立大學、密西根大學等常勝軍。所以我們異軍突起的原因也不是因為遇上較弱的對手。

我們的成果純粹要歸功於霍教練，日以繼夜、鍥而不捨地秉持奉獻精神和領導力，來改變球隊的認知與文化。霍教練諄諄教誨、潛移默化，情真意切地對我們灌輸文化，使我們能夠把嶄新的心態、洞察力、信念和行為帶到球場上。這就是一位滿懷熱忱的領導者具備的力量。他總是以建構球隊文化為優先要務，始終思考著企業文化能如何對我們人生一切面向帶來深刻影響，不論那是屬於體育競賽、商業與社交活動或者教育層面。

我的美式足球員生涯

美式足球使我學到許多寶貴的經驗教訓。我的球齡始於小時候，接著一路歷經高中、大學時期，最終打進了國家美式足球聯盟（NFL）。球賽中日積月累領悟的人生真諦在許多方面使我受益匪淺。

隨著歲月推移，我體會到，要在商界功成名就，必須具備出類拔萃的美式足球隊那種特質，這包括追求卓越的堅定決心、強調團隊合作精神、像冠軍隊伍那般日復一日地勤奮練習，以及在面對逆境時不屈不撓。這些珍貴特質不只造就了我欣欣向榮的商業顧問與演講事業，更促成眾多領先群倫的企業實現組織與企業文化轉型。

我現今引導各商業機構推行企業文化變革，在這些過程當中，有一大部分工作應用了從美式足球學到的關鍵知識，將其具體落實於市場上。我衷心相信，所有商界領袖都應深入研究自己最喜愛的體育教練。有些商業領導者和經理人透徹了解企業文化的效用，然而多數人對於企業文化淺嘗即止，未能進一步發展一流企業所需的一貫而堅實的企業文化。我確信，即使你身為領導或管理者但不是體育迷，仍然能夠從頂尖運動團隊和教練學到無與倫比的洞察力。

傑出的體育教練深諳團隊文化的力量，而且幾乎無人能及。二〇二一年六月號《運動家》（*The Athletic*）雜誌有篇絕妙的文章，講述了數一數二的教練如何以打造強效的團隊文化為優先要務，並表示這對於他們的隊伍至關重要。❶

該雜誌記者喬・史密斯（Joe Smith）先後採訪了金州勇士隊（Golden State Warriors）總教練史蒂夫・科爾（Steve Kerr）、阿拉巴馬紅潮美式足球隊（Alabama Crimson Tide Football）首席教練尼克・薩班（Nick Saban）、坦帕灣海盜隊（Tampa Bay Buccaneers）總教練布魯斯・亞利安斯（Bruce Arians），以及洛杉磯天使隊（Los Angeles Angels）領隊喬・梅登（Joe Maddon）。史密斯於文章中寫道：「我最終發現，對他們來說，文化不是一個時髦術語，而是一套基本原則。」

假如有更多商界領袖具備一流體育教練那樣的企業文化洞見，將產生什麼不可思議的結果呢？我相信這有助於造就更多能輕易吸引頂級人才的公司，更堅信將有更多企業在改造世界上扮演重大角色，並為員工的每個層面帶來正向的影響。

一流教練如何打造團隊文化的三大重點

接著，讓我們來檢視一流體育教練的三個關鍵課題。各個層級的商業領導者在文化建構旅程中都能將這些學以致用。

一、培養出提升企業文化的熱忱。
二、每日產生和輸送正向能量。
三、別只是「管理」，更要「教練」部屬。

一、培養出提升企業文化的熱忱

我遇見過的頂尖教練無不對促進團隊文化懷抱熱切渴望。不論球隊在上一個球季表現極出色或是糟糕透頂，教練振興團隊文化的熱情和渴求絕不會動搖。在整個美式足球員生涯裡，我始終欽佩一流教練們這項特質。他們每天竭盡所能為球隊創建文化。不論是在球隊選秀、場上競技、平時訓練，或是觀摩賽事影片時，他們總是一貫地將文化連結到每個訓練重點。

你不能只是對打造卓越文化感興趣。堅定不移的領導人的表現始終勝過僅僅「適度地」感興趣的領導者。多數教練之所以對文化著迷不已，是因為某位導師或是另一名教練為他們指點了文化的價值。舉例來說，歷來最優秀美式足球教練之一、阿拉巴馬紅潮隊總教練尼克・薩班曾指出，新英格蘭愛國者隊（New England Patriots）傳奇總教練比爾・貝利奇克（Bill Belichick）使他領略到文化至關重要。

身為領導者，你理當向打造優異文化的其他領袖取經，也應該把這件事視為重中之重。不論師法對象是業界或是業外人士，都值得我們深入研究，更要熱切地追隨他們的實務應用層面。

二、每日產生和輸送正向能量

領導者直接負責為組織其他成員醞釀每日的能量和設定基調。然而許多企業領導人極為低估每天、每週、每月輸送活力給員工的價值。這是所有卓越的體育教練都明白的道理，而且他們都全心全意地身體力行。你無須調整或扭轉自己的個性，但應體認到日常若不為企業注入能量、使其成為實踐組織文化的燃料，那麼貴公司力求壯大發展的種種努力將橫生阻礙。

一天當中發生的事情很多是我們不能掌握的。但切莫讓我們確實能掌控的事情變得有所疑問。打造健全、積極且生機勃勃的文化談何容易。這絕非容易的事情。如果組織的領導者想改變部屬的心態、行為和態度，理應提供他們一定程度的果敢無畏、積極正向的能量。

當霍教練循序漸進地改造球隊文化，對我們產生最大影響的是他日常展現的積極進取的活力，而不是他的話語。他對文化念茲在茲，重視程度不言而喻。為求在變革組織文化上收到成效，我們不但要積極主動，更要持之以恆、徹頭徹尾地為整個企業注入正向能量。

三、別只是「管理」，更要「教練」部屬

你必須指引道路、管理流程，以及堅持不懈地教練部屬。問一問任何現役或前任的體育選手他們遇過的最卓越教練的事。他們十之八九會告訴你，最傑出教練的作為遠多於確立團隊的願景，或是監督球隊的日常運作。他們會指出，教練努力激發隊員內在最好的層面，使得他們的人生和職業生涯都出現了深刻的轉變。教練對他們的要求可能相當嚴格，但這是為了讓團隊和個人拿出令人讚賞的表現。

他們的嚴厲和鞭策旨在追求卓越，從不會被誤解為管太多，或被當作惡意行為，因為選手們明白，教練真的關懷他們每一個人。體育界頂級的教練，就和商界促成組織整體轉型的高績效領袖一樣，總是奉獻大量時間在教練上。他們一路指引、領導並且教練其團隊。

一流的體育教練不只指點和訓練隊員，在競賽場上克敵制勝必備的各種技能，更指引和教導選手們提升文化所需的行為與心態。即使觀看電視播出運動賽事常見教練大喊大叫，但其大多數時間是在聆聽而非談話。

為企業提供更開闊的空間

每回到城市的大型會議廳發表演說，不論聽眾有數百人或數千人，我都樂於事先熟悉一下那個「更開闊的空間」，藉此為演講預做準備。我通常在主題演說前一天傍晚或當天破曉前赴會

場，走上演講台環顧一下空蕩蕩的聽眾席、整齊排列的座椅，以及會議廳後方擺放著我的著作的長桌。接著我會猜想即將前來的是什麼樣的聽眾，並深思如何給予他們當頭棒喝。

我事前已投注數小時研究過相關企業的文化，因此做好了和他們產生連結的準備。我將傳授實用的價值觀，以恰如其分地幫助他們。

我將在舞台上到處走一走，然後想像聽眾的熱烈掌聲。我相信他們將被我的演說啟發，走進各自的更廣袤空間，促進組織的績效更上層樓。

身為領導者和經理人的你，每天早晨都應當在更開闊的空間裡醒來。簡單說，這個更寬廣的空間有著更壯闊的視野，以及更高瞻遠矚的觀點。

假如你閉上雙眼，將在這個遼闊之處看到一個廣大的開放空間，它足以包容組織增加各種臻於卓越的可能性。比如說：

- 營收與利潤增長。
- 市占率擴大。
- 獲得股東信任。
- 盈利能力提升。
- 客戶滿意且有滿足感。
- 員工積極投入且始終忠誠。

- 具備鼓舞人心且著重合作的領導力。
- 有目的感。
- 創新。
- 協調一致。
- 變革，以及其他更多面向。

最初你可能會覺得這個更開闊的空間過於龐大、欠缺商業布局、難以承受、空洞無物，然而你可以這麼思考：它提供給你一個設想、創造和發展創新方法的開放空間，使你能夠帶領公司和團隊，在瞬息萬變的商業世界裡奮勇前行。開闊的格局將使你的企業得以蒸蒸日上、締造不計其數的成就。

實際上，商業步調始終是逐漸加速的，領導者必須時時認清在新的商業環境成功之道，更要把握各種成長和變革的契機。與其抗拒變革的浪潮，不如張開雙臂迎接新局。畢竟，沒人想被困在見短識淺、陳腐狹隘的過時思維和處事方式之中，人人都渴望邁入壯闊格局呈現的利潤豐厚的未來之中。

我要提醒你，當你醒來並進入這個充滿廣大可能性的空間時，要帶上你過去學習到的一切，也要對新穎且出眾的領導方式抱持開放心態，才能成為一個能造成重大影響的領導人。

我堅定相信，文化是在更開闊的格局中邁步前進之道。

容我簡要說明。自從二〇二〇年新型冠狀病毒肺炎全球大流行以來，世界經歷了諸多新試煉，在快速變動的環境的外力作用下，我們停滯不前的思考和行為模式開始出現轉變。往日那些關於商業文化的信念，以及關懷員工、執行工作、領導部屬的方法，對當今的企業來說，很可能已不再適用於追求持續成長、達到卓越之境。

所有領導者和經理人都面臨一系列艱巨且變化多端的挑戰。他們承受的磨難和考驗包括，改造組織以承受經濟衰退、潛在的世界大戰、全球大流行疫情、人工智慧、立法不確定性的錘煉。而且他們同時還要長保組織活力，更要維持企業競爭優勢。

當我談論在更廣闊的空間醒來，我的意思是，儘管面對這一切挑戰，更開闊的格局足以提供可擴展且能持久的看法，使我們得以看到無止境的種種機會。

無畏地領導組織邁向未來

我們必須正視現實。當前不變的世界需要全新的領導力，而且全新領導力應該具備大無畏的精神。

現今全球勞動力中僅有兩成積極地投入工作。世界經濟的推手正是這些為數不多的勞動者。他們不但為服務的組織增添極大的收益，也對生活其中的社區帶來驚人的價值。其他八成的勞動者僅只是虛應故事，他們當中某些人甚至對職場和經理人嗤之以鼻。❷

各種不同規模的企業都有特殊的機會來改變當前的局面。而且每次現狀獲得改善，世界就更加可能徹底改觀和向上提升。我明白這是一種大膽的主張。然而，我們最近一次相信公司具有造福和變革世局的力量與潛能，是什麼時候？

許多人可能不常思考如何藉由更卓越的領導力來改變世道，以及開創更優質的企業文化。無論如何，過去幾年來我深信情況已開始逐步轉變。各式組織能夠也確實對環境產生正面的影響。在促進世界變得更好中，所有階層的領導者與經理人都可以做出重大的貢獻。

你將在閱讀本書學習到，一切都始於領導者創建的組織文化，以及他迎向未來的無畏無懼心態。隨著每一個勇往直前的步驟，我們不只能使績效卓絕出眾，更可使世界和我們服務的社區徹底蛻變。

商業領袖們是否總是能把事情做好？當然不是這樣。在前方的路途上將會有許多繁重的挑戰，而人始終難免犯錯。我們的第一要務可能變動不居，而商業世界將不會配合我們、延緩前進的步調。我們很難做到心無旁騖，將一再地因五花八門的事物而分心。儘管如此，只要組織的各種價值具有深刻意義，並與智慧、目的和行動相得益彰，並且在我們的日常行為中根深柢固，我們就能更進一步朝向開創生機勃勃的文化前進。而一旦大功告成，整個職場將臻於卓越之境。

當我們無畏地帶領眾人走向未來，並把成員轉化成更面面俱到且更優秀的人，我們就朝著產生更大的影響邁進一步，而且我們的可能性空間甚至將益發擴展。

企業文化越來越被重視

讓我再舉一個例證說明為何我如此確信。美國公關公司愛德曼的全球信任度調查（Edelman Trust Barometer）顯示，受調者對於員工的信任和信心超越了他們對政府的信賴與信念。❸這意味著，全球商業領袖和組織當前擁有的希望和機會，可能遠超越以往任何時候。我們可以就該調查結果爭辯數個小時，然而事實就是，商業領袖和組織擁有千載難逢的機會來改寫歷史，和開創更宏大且更美好的未來。

許多人不認為企業有責任為員工形塑正向的人生。事實上，多數職員一生中時常被提醒：「接受良好的教育，找個好職業來支付各種帳單，然後更賣力地工作。」確實，這在某種程度上所言不虛，然而二十一世紀的職場驟變，且炙手可熱的職業要求新的職能和本領，因此那種老生常談日益顯得不合時宜。

一般人認為，多數事業機構只在乎提高利潤、打造可長可久商業模式的方法，以及如何每年交付給客戶與股東非凡的成果。這些假設都沒有錯，但在恆常演進、瞬息萬變的商業世界當中，當然還有更多必須贏得的事物。

現今員工對雇主的要求遠勝於歷史上任何其他時期。假如資方不能滿足職員的訴求，員工隨時預備另謀高就。於是我們時常看到在地公司、餐館和工廠門前貼出「雇用新人！」「誠徵助手！」等啟示。

令人不解的是，當幾乎所有雇主都提供更佳薪資、福利甚至於高額入職簽約獎金時，為何會有這麼多職缺？政府的就業調查報告揭示了實情：在二〇二一年下半年，共有逾二千萬人辭掉工作。有些人稱此為「大離職潮」（Big Quit），也有人說是「大辭職潮」（Great Resignation）。❹

企業文化究竟對人才有何影響力？在招募有抱負的優秀新人方面，企業文化具有舉足輕重的作用。根據職場資訊社群平台 Glassdoor 的一項調查，七成七的受訪者指出，在他們決定應徵一項職務的過程中，企業文化是關鍵的考量因素。美國的千禧年世代有六五％表示，組織文化比薪資更加事關重大。而四十五歲和更高齡的人則有五二％所見略同。英國方面的調查結果也呈現類似的模式（六六％對五二％）。約八成九的受調成年人回答說，雇主具有明確的使命和目的是不可或缺的要項。Glassdoor 的研究顯示，一家公司給的薪資和福利不是吸引人才的唯一要件，而且企業文化即使不是更重要的決定因素，也可能與薪資和福利的關鍵性同樣重要。❺

Glassdoor 首席經濟學家安德魯・張伯倫博士（Dr. Andrew Chamberlain）指出，「當今許多雇主誤以為，薪資待遇和工作──生活平衡是驅動員工滿足感的首要因素之一。我們在 Glassdoor 的資料裡沒有發現足夠的相關佐證。**尋求提高人才聘雇和員工留任率的雇主們的優先要務，反而應當是打造強效的公司文化和健全的價值體系、增進資深領導團隊的素質和能見度，以及提供給員工各種明確且振奮人心的職涯機會。**」

企業文化不只在招引人才時至關緊要，對於留住人才也事關重大。根據 Glassdoor 的同一項調查，六成五受訪者表明企業文化是他們留在現職的主要原因。

隨著幾乎所有產業的競爭日益激烈，以及外部威脅與日俱增，各企業若欠缺新的文化焦點，在既有企業文化下與對手競爭，將難以穩操勝算。

企業文化的力量

總而言之，企業文化能發揮宏偉的效用。它是創造別開生面、充滿活力的不可思議職場的決定性因素，還能催生不同凡響的市場戰略執行力。如果我們樂於擴充各種可能性，並且亟欲打造重視目的勝過利潤的卓越組織，企業文化正是我們得償所願之道。此外，當我談論文化時，我指的並非無限制休假、總部每個樓層設置睡眠艙等福利，也不是指領導人為了取悅員工或股東，三不五時拋出一些漂亮話。在接下來的章節裡，我們將深入界定企業文化的意義，並著手檢視企業文化如何使組織所向披靡。

關於企業文化，我們最應重視的一個課題是，太多的領導者未能認清企業文化是他們最強大的競爭優勢之一。而那些把企業文化視為一項競爭優勢的領導人，卻又往往在日常行動上自相矛盾。企業文化不是留給人力資源部門事後再辦的事物，也不應是不忙時再處理的另立的專案。

卓越的領導者不僅把文化視為組織的重中之重，更賦予它在一切工作當中最關鍵的位置。國際商業機器公司（IBM）前執行長路易斯．郭士納（Lou Gerstner）表示，「**任職於IBM時，我領會到文化不只是賽局的一個層面；它本身就是賽局。**」

你的策略可能被競爭對手剽竊抄襲。他們能夠試著模仿你的銷售流程、複製你公司絕大部分的日常運作方式。但包括你的競爭對手在內，沒有人能照搬或仿效你開創的文化。

沒錯，企業文化無比強大，而且絕對會影響績效，尤其是在企業文化融入企業所有層面的情況下。哈佛大學一項研究發現，具備強大文化的企業的淨營收，勝過文化上較弱勢的公司達七五六%。[6]我不知道你對此有何感想，但即使那個數據有些誇張，它仍代表著，發展優勢企業文化對於業績成長的影響程度著實令人難以置信。

WD-40公司董事長暨執行長蓋瑞・里奇（Garry Ridge）向我指出，打造企業文化是一項神聖的責任，而且它能促進亮眼的績效。這家企業的銷售額在過去二十年間成長了四倍。此外，其市值從二億五千萬美元，增加到近二十五億美元。在同一段期間，該公司股東總回報年均複合成長率為一五%。據蓋瑞指出，企業的「部落文化」是致勝的祕訣，而且無疑地是公司的最大優勢。

WD-40公司員工投入度調查結果非比尋常，市場表現也不同凡響，究竟原因何在？蓋瑞表示，這一切要歸功於無畏部落的四大支柱（Four Pillars of the Fearless Tribe）。所謂四大支柱就是：關懷（care）、坦誠（candor）、當責（accountability）和負責（responsibility）。[7]

漠視企業文化而且身處有毒的職場環境，將在商業上面臨何種惡果？美國人力資源管理協會

（SHRM）於二〇一九年，針對有毒企業文化的高昂代價發布了一些駭人聽聞的資料和研究報告。在一段五年期間，低劣的企業文化造成的人員流動率導致美國各商業組織損失了二千二百三十億美元；受職場負面文化影響，有四成九的企業員工考慮辭去現職。在那五年之間，因為組織文化的問題而離職的公司員工達五分之一。❽這些數字都發布於二〇一九年。我敢打賭，隨著時間流逝，情況已經變得更糟。企業文化具有意想不到的力量，而倘若組織不認真看待企業文化議題，將付出慘重的代價。

身為主題演說家、高階主管教練和管理顧問，我有幸於過去十年在世界各地，與改變遊戲規則的商界領袖，以及全球聲望崇隆的機構合作。藉由諮詢師與顧問工作，我擁有獨特的機會親眼目睹，某些企業內部甚至難以置信的文化與組織轉型。我第一手見證了企業與領導者熱情洋溢地以文化為優先考量、義無反顧地打造卓越文化，從而帶來豐碩成果。

為何寫這本書？為何在此時寫？

二〇二〇年三月間，我們有一種世界即將崩潰的感覺，那時新冠肺炎全球大流行疫情徹底顛覆了我們工作與領導的方式，以及某些企業的市場競爭和致勝方法。

一些企業成功地適應了新的時局，並持續向前邁進，但大多數公司當時苦苦掙扎求生存，迄今狀況未見改善。

在矽谷推波助瀾下，「企業文化」昔日通常被企業視同熱門商品。而當商界領袖們被告知應以提升企業文化為第一要務時，他們通常會露出不耐煩的表情。

新冠肺炎疫情危機使得全球事務一夕劇變。過去一個世紀眾所熟悉的商業模式隨之凋敝。惱人的過時管理方式陷入兵荒馬亂的困境，企業文化變得比任何時候更加重要。

全球大流行病觸發的這些巨變並非轉瞬即逝，其影響依然揮之不去。這促使我寫了這本書。在疫情肆虐、多數公司努力救亡圖存期間，仍有某些企業脫穎而出、無往不利，甚至更上層樓，而這大部分要歸功於他們的企業文化。

我必須實話實說，但請不要誤解我的意思。新冠肺炎疫情凸顯出文化的重要性，也改變了領導者與經營環境，這使我有一點點感到欣慰。請別誤會；我寧願不是全球大流行病和它奪走的無數寶貴生命讓我們了解這些。我的意思是，這個決定性時刻彰顯了，企業持續尋求轉型之道藉以臻至卓越境界的必要。商界過去長期一心專注於利潤和成果，如今則有眾多公司的領導者與員工企盼，而且展臂迎接新的期望和需求。

連續創業家、實業家暨實境秀節目《創智贏家》（Shark Tank）明星馬克・庫班（Mark Cuban）相信，新冠肺炎疫情可能成為各組織及其領導人的關鍵性時刻。他在二〇二〇年接受WBUR電台訪問時指出，在全球大流行病疫情這類危機之中，各家企業和領導者肩負著重責大任。「假如有足夠多的公司領悟了，並且做出更優異的表現、為美國二・〇版企業營運方式立下優良典範，我相信這將賦予我們動力。」

請自問：**你的公司採行了能夠獲得動力的方法嗎？或者你只是在重複著向來一貫的做法？你每天都在更開闊的格局裡醒來，並且迎向所有等待著你的時機嗎？**

在二〇二〇年，員工福祉和個人心理健康面臨著空前的挑戰，而且受到前所未有的普遍關切。全球範圍的調查發現，每十個人之中有將近七人飽受精神折磨或陷於掙扎求生的困境。此外，美國普查局發現三分之一的美國人有明顯的臨床憂鬱症和焦慮症症狀。即使是在新冠病毒疫情爆發之前，這類病徵的增加早已顯而易見。[9]

企業在招募一流人才方面遭逢了史無前例的困境。各家公司對於與員工溝通、提供給他們種種資源，以及各方面可能面臨的種種後果，理當面面俱到並且務必求取平衡。這是我們前所未見的情況。

全球各地無數組織因為這場危機體驗了諸多痛楚，而在各領域科技進步、競爭日益激烈的情況下，全體組織可以犯錯的空間急遽縮小。

競爭不會在不久的將來趨緩。隨著歲月推移，在人工智慧與科技持續突飛猛進的情況下，所有組織和領導者在建構與強化組織根基、應對各式危機、防範未來威脅和克敵制勝等方面，唯一能夠自主支配的就只有企業文化。

本書的主旨

本書的宗旨在為領導者創造日常營運戰術手冊，好用來打造更健全和績效更卓著的組織，並把組織的影響力推展到不可思議的高度。

我期望你讀完本書時，將更深刻且切實地領會文化的意義。我也希望你在發展自己的企業文化建構框架的同時，學會如何增進組織的效率、影響力和卓越度。你發展的架構可能在日後，對諸多領先群倫的企業產生正向的影響，並徹頭徹尾改善眾多組織的績效。我也將分享一些企業的文化之旅和文化變革範例。

這不是一本具有複雜理論和難解資料的學術著作，我經常閱讀而且佩服那類書籍，但本書不是學術論文。我決心從組織文化這個極其複雜的主題找出可理解的法門，來幫你為組織建立出類拔萃的企業文化。

我將在書中與你共享現實生活中的種種例證、各式故事，以及全盤翻轉組織績效的、熱情的文化建構者日常訪談的內容。

第2章

到底什麼是「企業文化」？

企業文化是組織成員共享的基本假設與信仰的更深層部分，它不動聲色地運作著，並且以一種基本上「理所當然」的方式，來界定組織對自身及周遭環境的看法。

——艾德．夏恩（Edgar Schein），MIT史隆管理學院退休榮譽教授

我總是對討論、研究和打造文化著迷不已。儘管我樂於在數千人面前演說、與資深領導團隊肩並肩致力於促進卓越文化，但這些不是最令我喜愛的工作。

我最愛做的是演說和顧問專案的事前籌辦工作。這是因為，在著手籌備、為展現優異能力和造成非凡影響蓄勢待發之際，我對於內在的運動員精神仍然依戀難捨。無論如何，我真的熱愛預先準備的過程。我確信這是建構卓越文化重要的一環。事預則立。優異的文化不會憑空出現。它需要廣泛的計畫、深度的內部研究、思想上的轉變、團隊協作以及更多。從第5章開始，我將帶領你熟悉五步驟流程，藉以創立出類拔萃的高績效文化。

不論是六十分鐘的主題演講，或是與客戶共同推展長達一年的組織變革之旅，都需要一個獨特的觀點和執行策略。

每個組織均有各自的形形色色挑戰與奮鬥目標，因此我最初做的事情之一是和領導團隊一起坐下來，進行數輪長時間的對話，好深入探究他們當下所處位置、渴望達到何種境界、目前的策略，以及他們對於我這個夥伴有什麼期許。我的根本要務是弄清楚，我能夠如何幫助他們，以及應該從何處著手。

文化是企業的 DNA

企業文化是組織臻於卓絕的命脈、核心、能量和基因密碼。對於亟欲增進績效與策略一致性的領導者來說，**文化是組織的精神和靈魂**。

合益集團（Hay Group）領導力培訓部門資深合夥人暨全球主管諾亞・拉賓諾維茨（Noah Rabinowitz）說，「文化是引人注目的特殊品質（X-factor）。它是凝聚組織的無形黏合劑，而且是組織在市場致勝的最終關鍵。」

簡而言之，文化是組織推展一切事情的方法。對於那些幾乎每個方面都很傑出的高績效組織，我能夠指出其對培養和提升文化的投入特別多。一個組織篤信的目的、日常的運作，以及它的內在與外在影響力，全都繫於文化。

不論領導者如何闡述，**組織文化的決定性因素在於集體心態、堅持不懈的各式努力與行動，和內部與外部共同體驗的、一以貫之的種種結果**。

依我之見，組織文化就如同人的身體。人體在許多方面別有洞天。每個人都有一組特有的、預先決定的基因和去氧核醣核酸（DNA）。過去我們習於相信，我們的命運取決於與生俱來的基因。而如今先進的現代醫學研究發現，基因在我們的生活方式和人生整體品質上，只是扮演了一個角色。

今昔的差別在於，我們現今有能力提高人生整體品質和健康水平。哈佛醫學院研究學者、生物學家大衛・辛克萊（David Sinclair）在這方面有耐人尋味的深入研究。❶

我們能夠不受制於DNA而改變老化的歷程，甚至可藉由攝取營養食品、有效管理壓力、每週例行健身、培養正向與健康的各種關係，來逆轉老化進程。人體有近三十七兆細胞，每個細胞都在我們的老化過程、心理狀態、壽命等方面扮演一個重要角色。

我們無法預知日常生活將如何開展，單憑肉眼也看不見自身DNA或是體內細胞，因此我們鮮少想到它們，但我們確知它們的存在。通常我們最關切的是自身在海灘上看起來的模樣，或者攬鏡時是否喜愛自己的鏡中身影。我們人生的每個層面，從我們的工作表現到對於年度體檢結果的欣慰程度，都受到體內所有細胞是否運作良好的影響。

一家企業在市場上的成果是肉眼能夠觀察到的。我們可以檢閱它的損益表、輕鬆地追蹤每月銷售額，甚至於細分來看各部門的營業額有否達標。我們也能查看其股價，好了解華爾街如何看待這家公司。從員工投入度調查報告，則可領會特定企業的職員對現職的感受。我們確實能夠藉助數百種方法來洞悉一個組織的績效。

就如同我們體內的DNA和細胞受到日常習慣與環境的正、負面影響，組織的文化也是相同的道理。雖然用眼睛觀察不到，但正是企業文化促成組織一切事物運作良好。

企業文化就是組織的DNA。它就像氧氣對於人體那般重要。組織的存續需要企業文化，能否蓬勃發展更取決於企業文化。我們能夠藉由變革文化來改寫組織的績效，正如同我們可以逆轉老化。一個事業體不論擁有世界一流的企業文化或是有毒的企業文化，其未來端賴能否一心一意專注於增益企業文化。

沒有企業文化的公司文化

關於企業文化，當務之急是認清這個事實：每個組織都有其文化，不管它是不是有意創造出來的。我最近和一家廣告公司第一線員工賽希莉亞敘談。她認為自家企業欠缺文化，而且這是她考慮辭職的主要原因。

我問她，「可以再多解釋一下妳的想法嗎？」

賽希莉亞嘆道，「我們公司沒有文化、缺乏結構，而且員工為所欲為。除了日常的職責之外，我因為同事不遵從指示或純粹不在乎，每天至少要滅五場火。麥特，說實話，我甚至未曾聽過任何人在職場談論文化，即使領導階層也無例外。」

我微笑著回說，「剛才妳已經描述了貴公司的文化。」

她斜眼看著我問道「什麼？」老實說，我猜想她覺得我在胡說八道。

我進一步向她解釋說，「不只是那些不斷與員工溝通的公司，也不光是那些一切運作都在實踐文化信仰的企業具備文化。即使是未曾視文化為優先要務、績效低落、處於有毒職場的公司也有其文化。事業體若不是固有一種默認的文化，就是具備精心設計和打造的、如同銷售與營運策略那般嚴格的文化。」

她說道，「好吧，如果真是這樣，那麼我們必須提升自家的企業文化。」

我贊同說，「許多公司都這麼做。」

任何組織當前的實效正是其文化的成果。假如一個組織意圖提振績效，就必須持之以恆地改造文化。

我們不能用最初造成問題的思維方式來解決問題。你要用什麼方法來使自己的思維達到新的水準？尤其是在應對其他挑戰時，你要如何獲致新等級的信仰和心態來善盡領導職責？你必須轉變思維的脈絡（context），以術語來說，就是從「生命科學」（biology）的角度探究事情的來龍去脈。

想法是從何種情緒狀態（emotional state）產生？一旦我們轉換思想的脈絡——生命科學上和情緒層次的脈絡——便能夠改變實質的想法和思考的品質。

當我們超重了，就必須改變飲食和運動習慣。而在睡眠不足時，透過嚴格調整就寢與醒來的時間，即可解決問題。若發生頭疼和能量低落的狀況，你理當評估自己的飲食和營養攝取習慣，並做出一些調節，好改善你的表現。在當今的時代，科學提供了我們所需的一切工具，來幫自己變得更好、達到更優異的績效，因此我們全然沒有任何推託的藉口。換句話說，我們可以對DNA和基因置之不理，無拘無束地追求健康與活力。身為領導者若不滿意組織的既有文化，或是對組織迄今的成果感到失望，別忘了我們掌握著改變文化的力量。

企業文化的混亂狀態

我永難忘懷那一場務實的對話。有家企業委託我與內部領導者合作，以加速推進組織文化轉型過程。在為期十二個月的推展計畫準備就緒之前半年，我曾於該公司拉斯維加斯的領導力會議上發表演說，因此對於這家企業已經有所了解。

召開啟動會議時共有五名資深領導人參與。在我們展開對話後十分鐘內，掌理銷售業務的副總裁戴瑞克表示，「麥特，坦白說，我甚至不知道我們是怎麼走到這一步，也不清楚我們為何要和你會談。」

在我開口回應時，戴瑞克打斷我的話，繼續說道，「請別見怪，你在拉斯維加斯的演講十分精彩，而且我明白你將能在許多方面幫助我們。但是，我們的人員必須銷售產品、執行業務和善盡職責，而不需要更多的訓練及會議，或投入這一切關於文化的談話。此外，公司已於去年變更核心價值。我們目前只須讓已更新的核心價值，在公司上下更廣泛地被看見，好讓我們的團隊能夠全心全意出去推銷產品！」

我告訴他，「我了解你的意思。企業文化如此重要自有它的道理，它遠超越核心價值和製作海報。我們需要日復一日熱衷於打造企業文化的堅定領導者。這是一個過程，而非一蹴可幾。」

「好的，麥特，你認為企業文化是什麼？」他的提問顯得很真誠。

「企業文化是一切，而且我們再怎麼強調它也不嫌多。」我解釋說。「企業文化始於企業的領導者。你們必須確認企業文化主旨，然後闡明公司的文化主張。這些文化方針理應和貴企業的戰略方向協調一致，而且至關緊要的是具體落實各項標的。我知道貴公司有明確的銷售目標，也明白你很珍視客戶。然而，領導者務必要同時扮演產品和理想文化的品牌大使。你們應當先讓人看清你們實現著自己的價值觀，然後再期許他人改變自身行為。」

戴瑞克只是點頭回應。

「同樣不可或缺的是，員工對公司的觀感理當協調一致，而且他們對自家企業應具有極為明確的期望。」

戴瑞克再次點頭，但是他的眼神有些呆滯，似乎已對這個話題感到無聊。儘管他深諳銷售和市場行銷之道，但我明白自己理應花一點時間，來幫他和其他高階主管發現組織的文化心態和力量。我必須造訪該企業關鍵的利害關係人，和具有影響力的成員，然後擬定相應的計畫來促使他們提升各方面的文化。

「容我再做一些補充說明，」我表示。「像貴公司這樣的服務業者，至關重要的是交給客戶既渴望，又能充實人生的產品與服務，而你們在這方面著實無可挑剔。或許你們甚至沒有發現到，你們已在某些地方發展出堅固的企業文化了。」調適以符合特定產業的需求，是所有公司的營運方針。舉例來說，金融服務業界的企業文化較傾向於強調安全性。為應對金融危機，當局更制訂了一套複雜的金融法規，而且對金融業者來說，細心謹慎和風險控管是空前重要的事情。相比之下，非營利組織往往受目的驅動，它們使員工的行為在共同宗旨上協調一致，從而強化其對於使命的投入程度。」

「你是說企業文化必須成為公司目標和計畫的後盾？」

「完全正確。」我可以看出戴瑞克終於開始領會我的意思。

領導者若想憑藉企業文化來增進績效，那麼也須同時考慮企業文化的風格，以及關鍵的組織條件和市場狀況。在各種外部因素中，區域與產業是絕對要牢記在心的最相關要素；而至關重要的內部考量要項包括，達到與策略協調一致、領導力，以及組織本身的設計。

幸好戴瑞克並不直接掌握這家企業的命運。但是這個可敬的資深領導人會這樣想是個警訊。不幸的是，對於企業文化之與其意義，和企業文化之於職場代表著什麼，戴瑞克並非特例。

儘管該企業力圖打造能夠引以為傲、可以交付實質成果的組織文化，但戴瑞克那類領導者的心態在這個過程裡引發了困惑、意見分歧，和領導階層內部的鬥爭。這裡的重要課題是，首先務必要領悟企業文化是什麼。

驅動團隊邁向卓越

世上存有非凡的、普通的，和低於平均水平且隨時可能倒閉的各種公司。在體育界也存在相同的情況。以美式足球為例，我們有每年打進冠軍賽的常勝勁旅、偶爾一整年都有出色表現的一般球隊，以及整個球季僥幸贏得一場比賽的墊底隊伍。

國家美式足球聯盟各個選手都球技高超。雖然球員們的天分極其重要，但這並非一個球隊能否締造豐功偉業、進軍超級盃的決定性因素。當人才水準相近的諸多事業體競逐同一個市場時，總是會有一家企業脫穎而出。

為什麼會這樣？
擁有舉世一流人才的專業運動團隊，怎麼會在某個年度輸掉多數的比賽？
一家資源相對少於競爭對手的公司，怎麼可能持續十年甩掉眾對手而一馬當先？
原因在於他們的信仰體系嗎？
還是因為他們獻身追求組織卓越且一心一意相信自己的作為？

自二〇一〇年以來，這些問題持續令我深感興趣，而且我並非孤立無援。似乎每年都會有一篇新文章、一部新紀錄片或著一本新書，探討不斷產出令世人驚歎的非凡成果的高績效公司或是團隊。

這些企業和團隊的共通點是具備冠絕全球的文化，而不是擁有最優秀的人才、最具效益的策略，或是最出色的設施或訓練計畫。**頂尖的文化能激勵團隊的「贏家心態」（winner's**

mentality）和對自身出色能力的信心，並且鼓舞組織邁向卓越。

請別誤會我的意思。他們絕對有極富天分、工作表現優異的人才，當然更掌握著有助於發現成長空間、持續高奏凱歌的贏家策略。這些都是關鍵且亟需的成功條件。我們將在本書其他地方觸及相關課題，而此刻應當了解的是：這些並非策勵他們出類拔萃的驅動力。**推動所有組織與團隊登頂的力量，必然源自於他們夜以繼日打造和培育的企業文化。**

讓人啼笑皆非的是，當企業或運動團隊長年獲得不可思議的成就時，大家都只聚焦於公司執行長或球隊的明星選手。即使領導者和總教練通常歸功於團隊文化、肯定文化是致勝的驅動力，但媒體和民眾照樣專注於明星球員或領導人，認為他們是球隊或組織稱霸的原因。然而任何傑出的領袖或教練始終會明快地指出，是團隊文化促成他們脫穎而出。

這使我想起一句古老的格言：「想成功就必須相信自己能得勝。」（You have to believe it to achieve it.）這可不是那種新時代思潮的膚淺言語。它的意思是，如果你全心全意相信自己將功成名就，你必定會堅持不懈地努力，去實現你渴望辦到的任何事情。**領導者創造優質環境，使團隊的優點得以發揮到極致，造就了這樣的信仰體系，而且他們也竭盡所能支持這個體系。**

傳奇的美式足球教練比爾．沃許（Bill Walsh）說得最好：「先有組織文化然後才會有正向結果。組織文化不是走上勝利之路後才有的想法。冠軍們拔得頭籌之前的表現就已無人能出其右。在尚未成為贏家時，他們的實力就已經足以克敵制勝。」

負面又錯誤的觀念

每個人對於組織文化這個概念的詮釋大不相反。如果你詢問二十個人關於文化的定義，你將得到二十種迥異的答案。關於組織文化最顯著的誤解之一出自定義這個概念的認知結構。思考一下銷售副總裁戴瑞克的案例，他認為組織文化意指創造新的核心價值，只要使它在組織中更加顯而易見，就可促進團隊的銷售績效。

假若你相信企業文化意味著，把資深領導團隊聚集到外地召開靜思會，藉以形成新的核心威信，然後用相關的價值來鞏固各銷售辦公室和總部，那麼你根本不可能打造出卓越的企業文化。企業文化遠比這些更加深刻。

組織文化能反映出領導階層的價值觀，且可形塑員工之間的互動和種種動機。企業文化對於事業體的成功具有無與倫比的影響力，因此投注時間努力領會職場環境如何起作用，並了解怎麼優化職場，是至關緊要的事情。

企業文化並非……

在更深入探究真正的企業文化各層面之前，有必要先釐清企業文化不是什麼，釐清一些常見的誤解：

- 企業文化不是每週上班三天的彈性措施。
- 企業文化不是指穿著可以隨心所欲（例如穿睡衣、運動鞋、破牛仔褲、運動衫等）。
- 企業文化不是享有為所欲為的自由，不是準時到班，也不是在心血來潮時才做事。
- 企業文化並非不會要求你當責不讓、不批評的經理人。
- 企業文化不是在團隊會議上背誦公司的使命宣言。
- 企業文化不是在辦公室設置乒乓球桌和其他遊樂設施。
- 企業文化不是取悅每個人。
- 企業文化不是組織和業務執行上的一個單獨面向。
- 企業文化無論如何不涉及種族、不具歧視性。

當我們對企業文化的意義有所誤解時，可能會對企業文化造成損害。我並非暗示上述那些是糟糕的額外待遇和事例、絕不可被納入職場，而是說它們不能給予文化完整的定義。

一旦你為意圖打造的企業文化奠定堅實的基礎，至關緊要的是創造員工每天樂於前來工作的職場環境。而這與額外的好處或是服裝無關。假如領導者相信企業文化就是提供諸多福利來取悅員工，或是推行討喜的核心價值，勢必會引發種種問題。

我太常見到這種事情了。領導者們滿懷期望地聯繫我，表明想要全盤改造他們的企業文化，或是提升既有的企業文化，或是要我協助克服購併案造成的企業文化摩擦。在我和他們進行幾次對話、對他們至今的種種努力有所了解之後，我充分明白了他們為何感到失望，以及他們何以績效不彰。他們沒有獲得預期的成果或動力，是因為他們對於企業文化的定義存有嚴重的偏差。

五關鍵打造正向企業文化

企業文化有許多層面能夠顯著增進績效和成果，但我將聚焦於正向企業文化的五個關鍵。如果你期望團隊更上層樓，可從這五個關鍵來領會為何企業文化如此重要而且不容忽視。

一、員工活力、熱忱，以及員工價值：企業文化能為組織注入能量和熱情，這是企業文化較少被談論的一環，坦白說，這方面也較難被量化。績效亮麗和抱負遠大的員工會積極設定並落實諸多無畏的目標，但大多數員工不會這麼做。許多領導人誤以為，只要大談如何壓倒競爭對手、分攤部門目標和強調財務狀況，就能激勵士氣。領導者和經理人必須做的是投注時間，努力讓員工參與各種層級的討論、籌畫過程、策略會議，來打造健全且更優質的企業文化，從而使員工熱情洋溢。員工期望知道自己獲得重視。當領導者傳達了珍視員工的心意，並且落實，將使員工產生非比尋常的活力和熱忱。這並不意味一切完美無瑕，但員工會持續領略到，他們將擁有更光明和更美好的未來、他們受到主管看重而且被納入了決策過程、他們深具價值。這一切將賦予員工無可比擬的力量。

二、協調一致及同舟共濟：許多組織常見的挫折感源自於「團隊欠缺協調一致性」，或是不能患難與共。各部門運作方式迥異，長此以往，將會各自為政。如果你是銷售或市場行銷部門領導者，你的責任和目標自然與營運及財務部門的領導人迥然有別。然而，你們終究同屬於領導團隊，均為連成一體的組織的共同宗旨效力。傑出的領導者和團隊都能領悟這個道理，且深知企業文化是使組織協調一致的唯一要素。我曾在美式足球職涯裡擔任防守組球員。與進攻組球員相比，我多數時間和其他線衛及防守球員們待在一起。無論如何，我們全部都是隊友，而且我們明白必須同心協力才能贏得勝利。我們各有不同的責任，然而作為同一個團隊，我們尋求實現共同的首要目標。**組織每個部門都有各自、執行和設定優先要務的方法，而企業文化是使它們達到協調一致、全體朝同一方向前進的關鍵。**

三、明確的期望：一個只有默認的文化、從未把確立企業文化當成頭等要務的組織，最終將在績效和士氣上面臨諸多問題。因為組織若未曾明確定義其企業文化，就不會有各種相應的確切的期望。於是無從要求和期許團隊所有成員幫助組織取勝。沒有明確的期望對於組織的損害遠遠超過績效不彰。僅有約四成三的公司員工認為他們的工作內容清楚。也就是說，有一半以上的職員每天上班時並不清楚什麼事情重要，也不確實知道自己應當做什麼。更糟的是，只有四成一的企業員工同意，公司準確定義了他們日常的職務。工作上沒有明確期望的職員將體驗到更多的壓力、焦慮和孤獨感。❷擁有定義清晰且正向的企業文化，有助於緩解和避免這類代價高昂的問題。卓越又健全的企業文化使公司的核心目的和優先要務清楚，而且員工將接收到前後一貫的回饋。

四、增進執行成效：企業文化能驅動並增進組織營運和策略執行成效。長年以來和我會談過的絕大多數領導者認為，應當把企業文化和策略分開來考慮。然而，實行策略是組織文化的任務和唯一責任。策略固然是致勝的關鍵，但切莫輕忽企業文化在策略發展過程中的重要性。策略與企業文化相輔相成將可提升組織的執行效能並強化其影響力。健全又強勢的企業文化有利於潛移默化員工，從而提升他們的日常行為，以利執行策略和贏得成功。

五、吸引和培育人才：企業文化在招引頂級人才和培育現有人才上，扮演著強效且至關緊要的角色。當你創造的傑出文化激發每個人最優異的表現、促使所有人正向地相互批評，並且不斷地締造市場佳績，公司的口碑自然會快速流傳。大家都想去令人感到特別、覺得自己能對整體使命有所貢獻的企業上班。恰到好處的企業文化能夠把員工安全地推出舒適圈，讓他們去嘗試新事物和擴展心態。**最佳美式足球隊和世界一流企業不只能招募最優秀人才，而且在塑造和培養既有人才上成績斐然，自有它的道理。**

第3章

兩難的陷阱

如果忽略細微的筆觸，你將永難畫出傑作。

——安迪·安德魯斯（Andy Andrews），美國暢銷作家

二〇二〇年四月一個陰雨的星期六早晨，我原本應當像大家一樣睡覺，卻接獲一家合作多年的企業資深領導人彼得來電。在星期六早晨，我通常很少接到工作相關的電話，因此幾乎可以斷定，這是需要我立刻回應的緊急來電。

當我拿起話筒說完你好時，彼得上氣不接下氣地急著喊說，「我無法相信，我等了這麼久就為了開始把企業文化當成第一要務，而且我對企業文化下的功夫已經和花在事業的心血不相上下。」

我怕他將說出自暴自棄的話，於是試圖打斷他，但他繼續說道，「我們被疏散了。員工全被分散到各地辦公。所有人都被分開了！我們全體職員現在都遠距上班，這對事業的衝擊看來遠比最初想像的更糟。」

從語調可以聽出，他痛徹心扉。當時新冠肺炎全球大流行疫情剛爆發一個月，沒有人能夠預料接下來會發生什麼事情。老實說，我記得那時曾和至少十多位領導者談過，他們都不認為疫情後續發展會很嚴重。

我當時以為，這次與彼得之間的通話不足掛齒，事情很快就會恢復常態。我試著安撫他：「彼得，聽我說，你把企業文化視為當務之急，是正確的看法，不過請記得，目前是著手此事的另一個最佳時機。」

像彼得這樣但願自己往日曾更關切企業文化的領導者不在少數。

我喝了一杯咖啡，然後兩人花了一個小時構思公司文化振興策略，幫他和團隊注入幹勁與熱忱，激勵他們勇往直前。彼得總是在分析各種趨勢和圖表，不太關注文化。

在喝掉一整壺咖啡後，我終於使彼得平靜下來。「麥特，感謝你撥出時間和我商談。週六早上還打擾你，我為此向你道歉。」

「唉呀，別客氣。」我說。「我很樂意幫忙。」

在過去三年期間，我和許多企業領導者有過誠摯的對談。假如我們全都明白疫情將造成如此複雜的狀況的話，我敢打賭，他們每位都會毫不遲疑地改變處理企業文化課題的方式。

我和那些領導者之間的談話都類似我與彼得的會談，而有個主題不斷在這些對話中出現：對於以前更看重其他事情而擱置了企業文化議題，幾乎所有領導者都深感懊悔。

我們不應等到面臨危機，或是爆發全球大流行病，才把企業文化視為優先要務、將它整合進組織的每個功能之中。基於諸多原因，過去三年世局一直極為艱難。如今回首前塵往事，二〇二〇年的前半年已變得有些模糊不清、失真、遙遠。

然而即使到現在，我仍對整個世界在一個時間點停擺感到難以置信。當時全球各地領導者不僅要拼命維繫組織運作，還必須顧及員工健康不斷遭受衝擊。此外，在一段期間內，公司同事間所有通訊都是透過 Zoom、Skype 和其他線上視訊溝通平台。全球陷入混亂狀態，而且未來充滿變化莫測的不確定性。

對於一個組織當中各階層的領導者來說，較不易察覺且極度危險的陷阱之一是相信還有比企業文化更重要、更須關注的迫切要務。而直到疫情使企業文化在績效與核心體質上的角色變得舉足輕重，眾多領導人才領悟到企業文化事關重大。

我確信，你直接見證過，或聽聞過從未驚慌失措、始終表現優異的企業案例。另一方面，有數不勝數的組織在危機來襲時全盤皆輸，無法善用危機所呈現的轉機。這使我不禁想問：身為領導者應當如何使組織經得起未來的考驗、專注在最重要的事情？

我們必須具備「新奇事物症候群」的相關知識。

新奇事物症候群

進退兩難困境是破壞多數企業文化建構過程的罪魁禍首，它使得領導者相信，相較之下，另外還有比企業文化更值得關注的、更富意義且不可或缺的事物。許多領導者相信，以堅決的行動應對或接納下一個新奇事物，是最有把握的成長之道。而且他們時常忽略，即使是平凡無奇的事物也有助於他們贏得成功。

新奇事物不只包含行動項目和作業流程，也可以是特定的心態和信仰。不同的組織與產業各有互異的新奇事物。為了讓你了解我的意思，以下舉出一些實例：

- 新近安裝的嶄新且令人振奮的科技系統，據說能讓銷售團隊的績效提升二五%。
- 全新的人力資源追蹤系統，對於擢升頂尖人才、強化現有候選人才庫的效能將大有裨益。

- 領導人回應員工調查結果列出的詳盡年度新措施清單。
- 策畫和參與領導階層外出靜思會，藉以發展和完善公司來年的策略。
- 密切地追蹤每月銷售和營收金額，並且採取必要措施來達成目標。
- 當諸事順遂時，滿足於既得成就、反覆不斷做著相同的事情，並且相信會一再獲得同樣的結果。
- 在有利可圖時感到萬事美好。

這些例子顯示我們多麼容易成為「新奇事物症候群」（Shiny object syndrome）的犧牲品。就如同我的客戶彼得那樣。遠在我和彼得開始合作之前，彼得就曾表示他渴望為員工打造卓越的企業文化，然而無數的新穎事物頻繁地令他分心，致使他未能如願以償。他忙於追求一切誘人的機會，而致忽略了必須更努力創造並持續發展強效的組織文化。

我可以再舉出更多有關新奇事物症候群的案例，不過我希望你已經懂了。我並非暗示新鮮事物無關緊要。實際上，前述事例中有一些是組織達到高績效和贏得成功的基本要件。無論如何，多數新奇事物的問題在於，它們會導致領導者失去判斷力，造成他們快速地從一件嶄新事物，轉換到另一件新生事物上，並且相信留下來的空隙會被填滿。這讓他們疏忽了，真正必須投注時間的是發展和壯大文化。

關於新奇事物症候群，弔詭之處在於，組織在執行和成就諸事（包括前述的許多事情）上處處仰賴文化這個根本要件。企業文化是組織締造卓越績效的基礎，當一個組織欠缺企業文化，績效、利潤和成長終將難以為繼。

企業文化一點都不誘人

你可能會問，「麥特，如果文化真如你所說那般舉足輕重，為什麼不是每個領導人都深深對它著迷？為何沒有更多組織努力打造世界一流的文化？」

這是迄今最多人對我提出的疑問。有些人是透過電子郵件，某些是在聽完我的演說後在台下追問，也有客戶於教練課程中這樣質問我。答案其實很簡單。企業文化時常遭受商界忽視是因為它沒有勾魂攝魄的魅力。

最令商界人士感興趣的是什麼？

是每月或每週積極追蹤銷售額，並讓大家看清數據是攀升或者縮減。而我們正經歷的數位轉型即意味著，精簡銷售流程從而提升業務效率。

這才是在商界引人遐思的事情。

當聽到「企業文化」時，多數領導者和經理人不會放下手上的工作，全神貫注地聆聽這個話題。事實上，往往只會適得其反，因為企業文化實在難以激發人們的興趣。

我無意美化事實，不會向你保證企業文化變革過程將一路順遂。建構傑出的組織文化來增進商務影響力是極其艱難的事，維持始終如一的企業文化水平甚至難上加難。然而一旦辦到了，將是領導者職涯中最重大的成就之一。

以下座右銘改變了我的人生，而且迄今仍被我奉為圭臬。你可以直接將它應用於企業文化：

如果某件事情很困難，而且我很可能抗拒它，那麼此事通常將對我的人生有所裨益，因此我理應更加努力完成這件事。

這句格言可以直接適用於組織文化。領導者們確實可能排斥企業文化，甚至質疑為何要把珍貴的時間和精力，耗用在這種少有立即效益的事情上。無論如何，如果你一開始就對企業文化抱持反感，那麼你有必要努力參透上述座右銘。

我最喜愛的暢銷書籍之一《藝術的戰爭》（暫譯，*The War of Art*）的作者史蒂芬・普萊斯菲爾德（Steven Pressfield）指出，「一項活動對你靈魂的進化愈是重要，你愈會抗拒它——你將感受到更多的恐懼。」❶這句話做了完美的概括，足以闡釋為何如此眾多領導者拒斥文化、對它置之不理。正是因為企業文化對於組織如此至關緊要，以致對企業文化的懼怕、漠視和違抗變得牢不可破。

根據我和一些領導團隊共事的經驗，當一個組織內部就某個想法達成共識、所有領導人意見完全一致時，這個構想很可能不是他們當前的首要任務。儘管如此，我還是堅信領導者能夠明快致勝和獲得動能。

難道領導團隊不該推行無異議通過的決策嗎？當然不是，但我主張，他們基本上理應每週召開一次團隊會議，適度地討論一下應當做什麼、不該做什麼。

力圖更上層樓的組織所須做的事通常困難重重，這會把領導階層推出他們的舒適圈，因此起初大家都將很抗拒。畢竟他們長期持守的信仰體系將會遭受考驗，而對於絕大多數人來說，這是一項重大挑戰。

當然，在我們生活的各個層面也是相同的道理。意欲戒菸的癮君子通常明白戒除陋習須經歷多個步驟。當他們花時間斟酌戒菸過程和可能體驗到的痛苦時，難免感到恐懼，因為那將是難以置信的嚴峻試煉。在充滿壓力的漫漫長日過後，他們可能會想抽根菸緩解壓力。在他們的十年菸齡裡，這是唯一的紓壓之道，卻對擺脫不健康的習慣毫無助益。

假若你想藉由減重使自己變得更加健康，就必須改變飲食習慣，然而這是知易行難的事情。

我們多數人在時勢艱難之際，將把食物當成宣洩情緒的出口，甚至會認為，放棄某些最愛的美食是無法承受的事情。

這就是抽菸的人在戒菸癮上苦苦掙扎，以及意圖甩掉贅肉者時常回歸不健康習慣的原因。在某種程度上，他們都是「新奇事物症候群」的受害者。組織領導團隊也有同樣的情況，他們力圖創造非凡且具影響力的文化，卻發現文化沒有引人入勝的魅力。更具挑戰性的是，有許多新奇事物會分散他們的感知能力，使他們對於理當聚焦的企業文化難以專心致志。

波音：迷航的美國巨擘企業

當領導者抵擋不住誘惑、沉溺在新奇事物之中時，將面臨什麼風險？簡而言之，這將危害到一切事情。我在網飛（Netflix）觀看了《殞落：波音的案例》（暫譯，*Downfall: The Case Against Boeing*）這部紀錄片，它是由羅瑞·甘迺迪（Rory Kennedy）執導，布萊恩·葛瑟（Brian Grazer）和朗霍華（Ron Howard）擔任製片人。

這部出色的紀錄片凸顯出波音公司高階主管貪得無厭、唯利是圖，導致接連在二〇一八年和二〇一九年發生震驚各界的墜機事件。兩起空難造成數百人喪生，讓人悲痛不已。而更令人感到悲哀的是，在悲劇發生前，波音公司高階主管就已意識到可能發生肇致墜機的故障狀況，卻選擇置之不理。

波音曾是以安全程序和優異文化馳名的美國航空業巨頭，員工對自己能夠服務於這家企業樂在其中。然而，波音的領導階層受新奇事物症候群影響，以致利慾薰心又貪婪，對其他事情一概漠不關心。

當波音公司察覺可能造成墜機的故障狀況時，許多機械工程師曾聲嘶力竭反映問題，但高階主管執意防堵消息洩漏，因為問題一旦公諸於世，升級版波音737 Max航機上市的希望將會橫生阻礙，而致損害公司的利潤。

傑出的企業固然都將設定富冒險精神的營利方針，而且講求快狠準，然而這絕不能以犧牲文化或他人的生命作為代價。你或許認為有些事情值得一搏，甚至真的獲得了一時的好處，然而當你像波音這樣喪失良好判斷力而引發悲劇時，將後悔莫及。

不計任何後果地選擇最省事的做法、規避組織文化的建立和維繫，最終將使你付出慘重的代價。當年領導波音的人輕易地屈從於貪欲、見利忘義，且耽溺安逸因循苟且，只因他們在過去二十年間碩果累累。

無論如何，正如我先前所說，某件事情很單純或是沒有遭到太多反對，並不意味著你應該把專注力和精力投注在這上面。

波音的案例或許是個極端的、說明新奇事物症候群風險的例證，然而不論舉哪個故事為例，它們的寓意大同小異。波音高階主管認為，倘若直視問題，不但會延宕原本的上市計畫，還要付出財務上的代價。在某些方面，波音可能是一家重視利益甚於安全的公司，但在其他方面又並非如此。

依我的見解，波音公司面臨文化上進退維谷的困境時，其領導階層向利益屈服了。他們必須在兩個選項當中做出抉擇。第一個選項是，秉持打造安全、高性能航機的世界一流企業的自豪，維持一貫的做法，絕不貪圖省事、取捷徑。如果他們選擇這麼做，勢將使成長趨緩，也可能造成營收暫時下滑。而第二個選項是允許財務收益左右決策過程，即使這意味著不僅不道德，還會把他人的生命置於險境。

不幸的是，波音的高階主管們選擇了後者。

無論如何，我們可以把他們的錯誤決定當成負面教材，從中學習經驗教訓，然後應用所學避免重蹈覆轍。

福特汽車：起死回生全靠企業文化

世上有眾多迷失方向和疏於打造文化的公司，也有許多大相逕庭的企業。在二〇〇六年，著名的汽車製造商福特汽車公司陷入艱困時期，釀成美國商業史上最令人印象深刻的轉變之一。

曾為美國代表性企業的福特公司當時虧損了數十億美元，以致未來岌岌可危。那時艾倫·穆拉利（Alan Mulally）在波音公司擔任資深高階主管，他於二〇〇一年九一一恐攻事件後不但徹底改造了波音，更使它在業界贏回絕對優勢。

當福特汽車需要一位新執行長來幫公司起死回生時，他們最渴望的人選莫過於波音公司的艾倫・穆拉利。而穆拉利最終接受了這個職位，至於接下來的事已家喻戶曉。許多文章講述過穆拉利使福特氣象一新的、令人讚嘆的成就。本書提起這個故事無意彰顯穆拉利的作為，而是要談論他是怎麼辦到的，以及他選擇把時間和精力投注於哪些方面。

穆拉利首先執著地專注於，使全體職員成為「一個福特團隊」（One Ford Team），並賦予它激勵人心的未來願景。

所有掙扎求存的企業都有一個共通點，它們均存在某些必須處置的營運和策略上的問題。而且其急遽衰敗的主要原因通常和文化有關。穆拉利運用一切資源致力於和全體員工共同打造未來，並從第一天變革企業文化作為首要重點。

穆拉利做出了若干極有助益的策略決策，但成功的關鍵不只是行之有效的策略，他還把大眾認為福特該怎麼做的想法也納入考量。

當你運用企業文化作為基礎而且以人為本，各方的不可思議力量將匯集起來幫助你，使你能夠產生更透徹的洞見，最終甚至可助你更上層樓。

如何避免陷入進退兩難的困境

在人生和事業上，當前所處位置和未來的走向，都直接與日常的各種選擇息息相關。

組織領導人每天必須做出的決斷有時不可勝數，如果是初次肩負管理責任者尤其可能感到不知所措。幸好，在我們意識到每一抉擇都會影響某些人和事時，我們往往會更努力地來增進自己的決策能力。

當我們身為領導者的決策能力獲得提升，我們為員工、組織和顧客創造的結果和體驗也將隨著優化。

克服「新奇事物症候群」的第一步驟在於了解，它會從四面八方發動攻勢。然而，認清這一點只成功了一半。接下來，我們來檢視幾個避免文化建構過程遭到破壞、防止預期影響力被削弱的可行方法。

一、**別低估了文化**。多數打造、變革或提升文化的努力未竟其功，是因為領導者從最一開始就輕視文化。如果你相信文化只是空談，或是認為還有其他更重要的事情，將使組織文化蒙受損害。

二、**對於增加的事物，有所取捨**。有些領導團隊想在一年裡實現九十個專業或戰略目標，難怪他們會在年終時納悶，為何大部分項目悲慘地失敗收場，或是從未能順利啟動。進退兩難困境和「新奇事物症候群」會不斷把一些宏大的想法拋到你的眼前，而你將迅速地從一個專案跳到下一個更酷的專案，並且全然難以專注於企業文化課題。領導團隊將不堪負荷，最終遲早會淪落到績效不彰的下場。對於你增加的每個項目，不論是新敲定的一場會議、一項新政策，或是一個新提案，都要權衡是否有什麼可以捨棄。

三、要堅定不移地認清優先要務。根據我多年來的觀察，陷入進退兩難困境的領導者有一個共通點，那就是他們都格外聰明，但是在決定最重要的事不夠明確，以致做成的決策往往低於平均水平。耗上一天規畫整年的策略和擬出一些模糊的方針是行不通的。組織要堅決地確認自身定位，要明確釐清前方標的，還要擬定達成各項目標的行動方案。

第4章

企業文化卓越的五大障礙

假如外部的變化率超越了內部變化率，那麼末日已近。

——傑克·威爾許（Jack Welch），奇異（GE）前董事長

我這一生常聽人說，「不要沒事找事。」（If it can't broke, don't fix it.）坦白說，我從未弄懂這句話的意思。我這個人始終尋找著下一件大事、升級版本和最佳事物。又有誰不想要這些呢？

然而，倘若已經擁有某件很棒的東西，而且對它心滿意足，那麼何必費事汰舊換新？或許有人二十年前買的冰箱依然很好用，他們可能會說，「這座舊冰箱還運作良好，為什麼要更換新機？」

首先，老冰箱比新型冰箱更加耗電。任何電器行的銷售員都會這麼告訴你。這是因為，儘管壓縮機不完善、馬達耗損、冷氣外洩，舊型冰箱還是必須努力維持低溫，所以會耗用更多電力。在過去二十年間，冰箱已變得更加精緻且更符合能源效率。據美國能源效率經濟委員會（American Council for an Energy-Efficient Economy）和自然資源保護委員會（Natural Resources Defense Council）指出，雖然在除霜和製冰等方面新增了一些功能，新式冰箱用電量只有一九七〇年代冰箱的二成五。

換了新冰箱的家庭馬上就注意到他們省下了一筆電費。然而，依然會有人堅稱，「如果沒壞，就沒必要換。」

我的重點在於，人們對於改變總是抱持抗拒態度。即使是換一台可以幫他們節省電費、還提供更多時髦便利功能的新冰箱，他們照樣很難接受。

網飛與百視達

就商業方面來說，一個組織行之二十年的穩當結構和做事方法，難保能夠持續在二〇二三年和往後的歲月中有效運作。為什麼？因為我們生活其中的世界始終持續不斷地演變和進步。

當今的商業領袖多半熟悉百視達（Blockbuster Video）的故事。創立於一九八五年的百視達曾經是家傳奇企業，也曾是影片出租業界最具代表性的品牌之一。那時人們喜愛隨興到百視達門市店，從一排排的展示架上挑選可以租看數天的影片。在二〇〇四年全盛時期，百視達於全球各地開了九千零九十四家門市店，旗下共有八萬四千三百名員工。

那麼，究竟發生了什麼事？

百視達所有這些門市店如今安在？

網飛（Netflix）曾於二〇〇〇年與百視達接洽，詢問百視達是否願以五千萬美元買下網飛。但是百視達的執行長不感興趣，因為他認為，與商機龐大的百視達相比，網飛做的是「規模微不足道的小眾生意」。網飛向會員提供出租影片寄送到家的服務（會員看完後也以郵寄方式還片），在當時它仍處於虧損的狀態。

百視達當年必定相信，他們的商業模式比網飛這個新進業者更具優勢。他們那時的座右銘可能就是「不要沒事找事。」

百視達沒有買下網飛，也沒變革既有商業模式、發展新方案將線上影音串流或寄送出租影片納入服務項目，他們只是一味沿襲老套的做法，讓顧客到門市店購買或租借影片。他們安於現狀，不認為有必要改變或是追求成長。

最終，百視達未能過渡到數位串流的商業模式，在二〇一〇年被迫聲請破產。

而網飛在短短十二年內創造了年營收二百五十億美元的佳績，且其全球訂戶於二〇二二年達到近二億二千萬。[1]其二〇二一年毛利潤達一百二十三億六千五百萬美元，較二〇二〇年增長了二七・二二%。它的二〇二〇年毛利潤則為九十七億二千萬美元，比二〇一九年增加二四・九六%。[2]

網飛公司深知它理應持續促進增長，並未抱持「不要沒事找事」的態度，他們不斷增添服務內容，當中包括氣候變遷特別節目、紀錄片系列、暢銷書作者談話性節目、政界與體育界人士評論等，藉以提升服務品質。它始終堅持不懈地調整平台、擴大服務項目來適應新的需求。

另一方面，百視達像其他眾多公司一樣，對商業模式變革心存畏懼，只去嘗試某些新事物。在聽了網飛和百視達的經驗教訓之後，你可能會認為，這比較是百視達自鳴得意、故步自封、不求創新的問題，而不屬於文化方面的挫敗。我尊重你的看法，然而難以苟同。**企業文化是組織基本信仰體系的內在羅盤，它指引著組織成員的日常行為，並與市場績效休戚相關。**百視達當年的文化未能要求和支持員工培養贏家行為，來適應變局和取得競爭優勢。在既有的組織文化之下，其領導階層既缺乏創新力又效能不彰。

假若百視達的文化使他們無論如何都不躊躇滿志，同時讓這家有能力想像各種發展障礙，並且致力於重塑組織，那麼結果會有什麼差異？事到如今，我們也只能訴諸想像。

另一方面，儘管網飛現在很成功，但它並未因此志得意滿，且能夠預見未來可能面臨的種種進步阻礙。舉例來說，網飛執行長里德・海斯汀（Reed Hastings）時常要求員工想像，十年後公司可能瀕臨衰敗境地。這促使領導團隊著手設想將來的各種可能走向，並且探討一切能夠在未來毀掉他們的事物。即使處於事業的巔峰，他們依然關注著組織可能出什麼差錯，並且琢磨著領導者應當如何防患未然。❸

這是高瞻遠矚的領導者示範的卓越思維。

我相信，倘若百視達在最成功的時期能夠未雨綢繆、預先針對可能面臨的困境研議各種脫困方案，我們當今述說的會是截然不同的故事。百視達走向敗亡，而網飛方興未艾，對此我絲毫不感到意外。

但是我想要探究：

一、為什麼改變如此困難，即使我們知道為了未來著想必須推動變革？

二、為何多數變革和轉型的努力從未獲得領導者期望的動能？

一般而言，人們會懼怕變化和勢必隨之而來的未知事物，所以難免抱持抗拒態度。無論如何，假如企業不推行變革將會停滯不前，這意味著它將永難完全發揮潛能。即使多數人不喜歡改變，我相信變動本身並非問題所在，真正的癥結在於人們對變化的恐懼。人們對捨棄既定行為和做事方法感到害怕，在諸事似乎相對順遂的情況下尤其如此。

時下的商業領袖幾乎都同意，造就能夠長年學習和進化的企業至關緊要。然而，即使是追求百尺竿頭、更進一步而馳名的組織，通常也會發現持之以恆是難度極高的事情。以大約十年前召回近九百萬車輛的豐田汽車為例，這是一家把精益求精當成根本策略主幹的企業，而據領導階層指出，此次疏失很大程度上是偏離了日益精進原則的結果。[4]

除了沒能在諸事還順遂時發動變革和尋求精進之道，多數組織與領導者對於變革過程也很難貫徹到底。

此刻可能有許多公司正試著改造、提升和建構更出色的企業文化。它們將在未來幾個月啟動文化變革之旅，或者已經踏上了旅程。無論如何，這些企業很可能不僅達不到目標，甚至將回歸到原先的不合時宜的做事方法上。

如果僅憑努力和決心就可以落實各項標的，多數組織其實具有衝破終點線獲致成功的實力。至於它們的變革和轉型努力泰半落得失敗收場，自有其成因。根據哈佛商學院教授約翰·科特（John Kotter）的研究，有近七成致力於變革的組織達不到預期的目標。[5]

企業文化變革中的新經濟秩序

世界瞬息萬變。在壓力驅策下，我們的生活步調飛快，日子總是在恍恍惚惚中度過。如果你不能搭機趕赴下一場商務會議，沒問題，**分秒必爭**，只要召開 Zoom 會議就能搞定。每天都有諸多事情快速地變動著，我們幾乎無法與紛繁的變化保持同步。放眼盡是能幫我們增進生產力的新商務系統、新的人工智慧產品，以及有助於我們處理來自全球各地資訊的新科技。感覺宛如世界開創了「**企業文化變革的新經濟秩序**」。而企業必須自我改造，好適應持續變動的時局、跟上各種工作方法與習慣的演進步調，從而提升安然度過變局的存續能力。

變革或提升組織文化，或是推動組織變革，似乎是令人望而生畏的重責大任。我們總是欽佩那些大功告成的組織及領導者，並且內心企盼著「但願我們也能辦到」。

事實上，你和貴企業也能夠做到，甚至可以獲致遠超乎想像的成就。我們將在接下來幾個章節講述，順利啟動和推進企業文化變革的方法，然而光有這方面的知識還不足夠，我們還必須學習如何預測和克服，改革過程中的各種障礙。

當一個組織預備再造企業文化、增進既有文化的特定領域，或是推動全面轉型，往往會輕忽一路上可能遭逢的各式阻礙和挑戰。

你不應耗費時間和精力去憂慮可能出錯，或是擔心或許會失敗，畢竟這只會妨礙你致勝所需的創新和無畏精神。無論如何，我見過眾多公司在企業文化變革和轉型上鎩羽而歸的案例，而失利的肇因泰半在於，領導者沒做好面對挫折的準備，無法在受挫後重新調適、再接再厲勇往直前。他們無法招架那些終究會遇上的障礙、陷阱和阻撓。

如果你企盼企業文化革新延續不絕就必須認清，在變革路途上總要面對林林總總的阻礙和困境。而至關緊要的是，在應對這些難關上，要做好充足的預備工作。

各家企業遭逢的挑戰將因各自的現況、規模和所屬產業不同而南轅北轍。不過，在建構傑出企業文化的過程中，眾企業也將遇上某些相同的障礙。

多年來我與各式各樣的領導團隊及組織合作過，從而與他們親身經歷了下列五大障礙。由於我們最初就意識到這些難題，因而能夠與時俱進加以克服，最終成功打造出卓越的企業文化。

我的主要工作方針始終是和第一線經理人及領導者直接互動。我不想單純依靠統計資料與研究報告，而寧願仰賴那些直面挑戰的負責人的第一手陳述。在過去幾年期間，我與各產業界形形色色的企業，逾一百五十位資深領導者和經理人有過合作關係。我們一起確認了企業文化改造過程中數百種阻礙和挑戰，以下列出我們在會議上常提到的五大障礙。

企業文化卓越的五大障礙

一、領導階層不支持、沒有參與的熱忱。

二、高喊口號卻無實際作為。

三、想要立即滿足的慾望。
四、曲解和分心。
五、沒有發生骨牌效應的連動改變。

千萬要記得，即使你意識到這潛在的五大障礙，而且擬具了克服它們的策略，也不一定能夠如願以償。追求完美是徒勞無益的，這甚至不應成為你的目標。假如一個組織未曾經歷過考驗、沒有時常遭遇挫敗，它在面對緊急事態時有可能無法臨機應變、採取必要的應對行動。

同樣地，在日常生活中，如果我們敞開心胸從每項經驗學習教訓，那麼即便是挫敗也會有極大的價值。所以我們總能在傑出領導者身上發現反敗為勝的特質。

讓我們來進一步個別檢視這五大障礙，以及有助於克服它們的一些觀念。

第一道障礙：領導階層欠缺支持和參與的熱忱

我們將於後面的章節學習到，在打造獨步全球的企業文化的過程裡，並非所有的層面都應採行由上而下的方法。然而，領導階層若缺乏支持和參與的熱情，無疑會成為企業文化建構過程的最大阻礙。尤其是在一開始階段，我們絕對需要領導團隊驅策變革的熱忱和動能。

勤業眾信（德勤）會計師事務所（Deloitte）的一項領導力研究發現，資深領導人的素質顯著地影響分析師關於企業能否成功的觀點。該研究顯示，獲認定為具備強效領導力的企業平均股權溢價（equity premium）達一五％，而經確認欠缺有效領導力的公司平均股權折價（discount）達一九％。

有句諺語說「組織的成敗繫於領導者」，上述這項研究對此提供了佐證。企業若兼具強效領導力和強大的文化，將擁有贏得市場支配地位的實力。[6]

令人遺憾的是，領導階層對打造卓越企業文化不具支持和參與的熱忱，不僅是組織面對的最艱鉅挑戰之一，更是司空見慣的障礙之一。領導者不熱衷的原因不勝枚舉。一個組織不論其當前擁有的是相對健全或是有毒的職場環境，通常都難免會有一些引人反彈的事情。

多數資深領導團隊是由事業有成、資歷豐富的領導者組成，他們絕大多數不樂見公司轉變領導風格，或是變換行之十年甚至二十年的做事方法。這樣的心態是組織變革企業文化一開始的棘手難題，也是其他方面一切變革執行上的重大阻力。領導者的想法會直接地傳達給整個組織。領導團隊口頭溝通的所有事情、日常採取的種種行動，甚至於肢體語言，不論多麼微不足道或是事關重大，都可能在整個組織當中引發軒然大波。許多領導者雖然立意良好，但過度低估了自身對其他人思維和行為的影響力。

高效能的出色領導者充分了解，自己不僅要為組織指引道路，更要在組織期望的行為上扮演角色楷模。

讓我們以美國葡萄酒和烈酒業者伊利諾州SGWS公司為例，來強調資深領導團隊堅定地投入企業文化變革過程的重要性。我從二〇一八年起與他們共同致力於再造企業文化和提升領導力。當時企業領導團隊成員支持與參與的熱忱不一而足。他們當中有些人一心一意參與，有些人則質問說，「我們已經是高績效組織而且在市場所向無敵，究竟為何還要每月、每季再多開數小時的會議？」

該公司副總裁暨銷售總經理麥克．豪西（Mike Housey）是完全獻身其中的領導人之一。依我的看法，麥克是奇貨可居的領導者。他對企業文化懷有滿腔熱忱，長年爭取公司專注於打造更優質的文化。這家企業既有文化的品質不差，但確實有一些關鍵層面必須改善，主要應從資深領導者和全體人資經理來著手。只不過，縱然麥克滿懷熱情獻身於建構卓越文化，該企業其他主要資深領導者最初反應卻很冷淡。

最終起到決定性作用而促成此案成功的是其他兩位資深領導者。才華洋溢的他們不只在組織內部極具影響力，而且在我共事過的最明智領導人之列。

我們面臨的一項挑戰是，少數關鍵領導者基於綜合經驗和既有的成果質疑，公司真的需要一套新方法嗎？必定要發揮更大的影響力嗎？這真的有必要嗎？

要轉變資歷豐富、事業有成的領導者的行為絕非一蹴可幾的事，這是多數組織在變革過程中常會面臨的挑戰。而且多數企業無意要求那些締造高績效的超級巨星做出改變。

我前面提到的兩位關鍵人物分別是泰瑞．布里克（Terry Brick）和麥可．湯姆森（Michael Thompson）。泰瑞．布里克具備無與倫比領導力，擔任伊利諾州SGWS的執行副總裁和總經理。他能夠在極大的壓力下維持一貫的績效，並且擅長和員工交心、使他們感到深受重視，因而在葡萄酒和烈酒業界享有盛名。

而麥可・湯姆森當時是負責商業策略和規畫的資深副總裁，常在會議室裡發表睿智的見解，而且不斷地要求自己和其他人拿出最好的表現。他和泰瑞主動參與公司增進領導力和打造新企業文化的工作，但他們的投入沒有達到我們要求的程度。在一開始，他們的態度甚至更為冷淡。

假如我和麥克・豪西能夠影響和改變泰瑞與麥可對企業文化的看法，將可進而連帶影響和改變其他二十名資深領導者，即使不能全面翻轉他們的投入程度，至少也能向組織其他成員傳達強效的訊息。

在我和麥克・豪西著手籌畫企業文化之旅的路徑圖之前，我們花了數個月執著地專注於促使領導團隊和衷共濟，並驅策他們認同企業文化是推進其他一切事物的基礎。

我們秉持高度專注力，精心考量各項優先要務，藉以正面形塑領導團隊，這在該企業多年來獲致非凡成果的過程中發揮了關鍵作用。泰瑞與麥可現今都已成為鼎力提倡企業文化的領導者。

直到泰瑞與麥可二人對再造組織文化的參與，從不夠熱情轉變成沉醉其中，相關諸事的推展才真正逐漸獲得動力。

第二道障礙：高喊口號而無實際行動

當企業文化被看成不過是徒勞無益的口號時，組織通向企業文化卓越之境的道路將窒礙難行，而且眾多棘手的問題將紛至沓來。

正如前面章節所說，如果你相信打造傑出的企業文化就是在各處辦公室張貼座右銘和企業核心價值宣傳海報，或是提供給員工更多的福利，這恐怕只會造成組織文化浮淺空泛、缺乏實質內容。

我最近和一家科技公司中階經理人喬納山，有過一場耐人尋味的對話。他已在那家企業任職十年，而這段期間他眼中的領導階層，雖然成員迭有更替，卻只是舊瓶新酒。

某天喬納山和我在休息室喝咖啡閒聊，他說「麥特，這幾年間領導團隊成員的變動，似乎對公司推展更優質文化的能力造成了傷害。」

「你指的是什麼？」我問說。「你認為貴企業的領導力出問題了嗎？」

我知道，領導團隊成員異動率高、經常有重大人事遞嬗，也有可能對企業績效和組織文化造成負面衝擊。而且我感到問題遠甚於此。

喬納山表示，「這很難說清楚。」

「你能更深入描述公司面臨的實質挑戰嗎？」我很清楚，若要讓他揭露重大的核心問題，必須進一步追問。

他聳聳肩答道，「我認為，我們在改造企業文化上總是侷限於口號和承諾，有點像是耐吉（Nike）的廣告詞：只管去做。我是說，仔細思考一下，它真正的意思是什麼？這聽起來是一句出色的口號，很適合印在馬克杯和短袖圓領衫上面，然而這真的能夠改變一家企業的文化嗎？」

我微笑著告訴他，「沒錯，我懂你的意思。在全美各地的辦公室有無數寫著這類標語的海報。那些確實是不錯的口號，但是不能靠它們來打造或是變革文化。」

話術本身無法建構或提升文化，我們必須付諸實際行動。

真正的企業文化變革始於規模化的行為改變深入人心之時。這種行為改變不能只是偶爾發生或每次僅持續幾個月。它必須是持之以恆的過程，並且要能開創新的企業文化典範以及奠立新的行為準則。

我常見領導者把「大多數時候的」行為和「不斷重複的」行為混為一談。這兩者之間的差異關係到一個組織究竟是有時可能致勝，或是始終能夠成功。時時改變負面行為、採行更為正向的新做法，只是通往正確方向的第一步驟。企業能否臻至企業文化卓越之境，取決於根深柢固且形成常態的、日復一日堅持不懈的組織行為。

企業文化並非只是把價值觀轉化成具體行動。我們更要把價值體系化作鍥而不捨的作為，使其成為整個組織的日常慣例。我和喬納山的對話就是一個活生生的例子，它向我們闡明，當企業文化變革過程裡的初期嘗試失敗時，我們會立刻輕易地歸咎於人事調整、市場條件、嚴峻的競爭態勢和不斷擴增的需求。這些事情無疑將在某種程度上使企業文化變革受挫，但我們挫敗的主要原因是欠缺創造新文化典範所需的行為轉變。

就這個課題來說，衡量言語和行為之間的落差是很實際的一個思考方法。而形成這個落差的要項包括組織宣示的重要訊息、組織日常作為，以及組織內部和外部利害關係人對前兩者的詮釋方式。（參見圖表4.1）

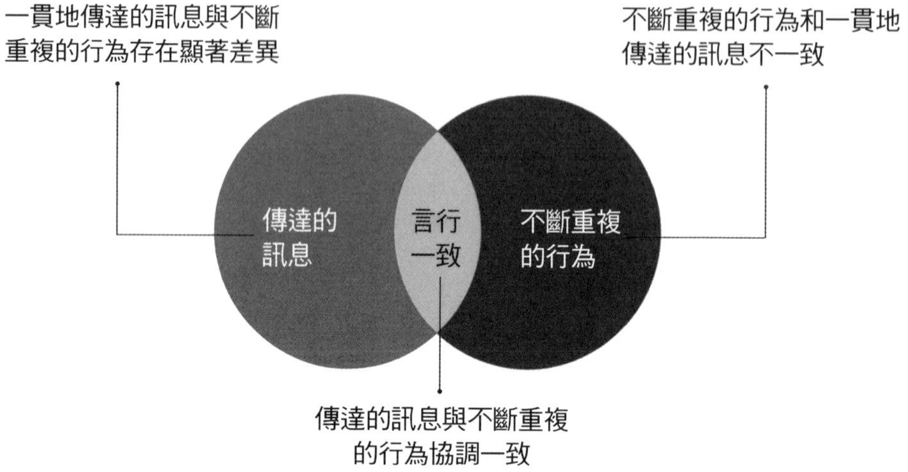

圖 4.1：言行落差

假如你詢問領導者和經理人，他們有否持續落實組織的價值觀，多數人通常會響亮地回答說，他們確實做到了。當一個人過於投入自己當前扮演的角色並且全力衝刺時，其實極難退一步反思、回顧和檢視自己。即使一個人內心滿懷善意，倘若其言行之間存在巨大的落差，那麼他很可能光會喊口號而無實際行動。

第三道障礙：想要立即滿足感的誘惑

最能夠令人躊躇滿志的莫過於立即滿足感。在我們致力做某件事情之前，通常會先問自己或其他人，須等多久才能獲得效益或是體驗到成果。我們的世界受到立即滿足感支配，有眾多商家是憑藉著失實的、著重於強調立即成果的促銷話術而致富。倘若你打開電視機，幾乎確定將看到特效減肥藥廣告，大肆宣稱可幫你在三十天內甩掉五十磅肥肉。假如你開啟喜愛的社群媒體應用程式，很可能遇上某位網紅熱情地鼓勵你，持續遵循一套特殊飲食法十五天來為自己塑身。有些線上課程則向我們承諾，在比特幣上投注一定額度資金，就能於六十天裡獲得一筆讓你財務自由的報酬。某些電視實境秀明星常在ＩＧ帳號貼出充斥昂貴珠寶和轎車的炫富照片，並宣稱只要你加入他們的智多星集團，就能享受同樣奢華的生活。還有那些在臉書上促銷的新電子書，誇口保證你每週只須工作一小時，即能在一個月內打造出成功的事業。

關於這些白日夢般的誇大說詞，可悲之處不在於某個人或某家公司從中獲利，真正可悲的是世界各地每天都有人聽信它而身陷其中。為什麼會這樣？這是因為**立即滿足感的誘惑力無比強大，它能讓人無法自拔**。當涉及創造強效的贏家文化時，立即滿足感會潛伏在每個角落，伺機阻礙你的組織獲取進展。幾乎所有踏上企業文化變革之旅的領導者和經理人，都懷抱著良好的意圖而且情真意切。即使是不清楚該從何處著手、不知道怎麼有效推動企業文化變革的人，也力圖有所作為和期盼功成名就。

打造卓越文化既耗時費事又需要驚人的活力，而且這通常遠遠超越我們所能想像。我們不只將比預期投入更多的時間和精力，也不能立刻見到成效。我無意使你感到悲觀或心生畏懼，也不想對文化狂熱者潑冷水。我這麼說的用意是要提醒你，在五大障礙之中，這第三道障礙既可毀掉你的士氣，又能扼殺你迄今累積的動能。

我確信你選讀這本書之前，曾經閱讀過或是聽說過文化何等重要。當你聽到文化能幫組織做到的那些美好的事情時，不論那是增進利潤、強化績效或是打造出人人嚮往的一流職場，你可能會感到精神煥發，甚至迫不及待，亟欲著手來達成這些美事。而隨著時間流逝，當付出的精力遠超越所獲回報，你的衝勁將會逐漸被消磨掉。你將開始回歸昔日令你感到舒適的舊習慣。

當我們對某件事懷抱強烈渴望時，耐心會面臨重大考驗。任何值得我們達成的目標，不論是個人意圖、專業抱負，或締造優異的組織文化，都必須在恆毅力和續航力上求取微妙平衡。

第四道障礙：曲解和分心

許多公司的領導團隊全力以赴，試圖將組織的價值觀和理念，轉化成全體成員的日常行為。他們擬具長程的計畫，卻沒能促成眾所企求的動力來持續推進文化變革。

為什麼會這樣？

企業領袖一旦決定傾力投注資源來打造更優質文化，就會在大腦中評估無數構想和提案。各階層領導者與經理人將集思廣益，擬出積極行動方案並提交組織研議，而在此刻，他們心中將充滿焦慮。當組織敲定計畫之後，領導階層不但可能針對自身提出事後批評，甚至將自我懷疑是否有能力落實待辦清單上一切事項。這時警鐘已被敲響！

他們將陷入恐慌。

心悸不已。

他們的思考開始斷線，注意力將轉移到其他地方。還記得我們先前談論過的新奇事物症候群嗎？他們很可能一頭栽進去。或者，對他們來說，一切將變得難以承受，致使他們拖延推諉。然後，他們的領導力將無可避免地發生功能障礙。

當致力於推動文化時，擬定一個具有明確商業策略的出色計畫是至關緊要的事，然而我們必須留意，如果做過了頭、試圖同時進行過多事情，恐將適得其反。你將負荷過重、陷入恐慌，最終被迫停擺。你也可能開始敷衍塞責、失去焦點、把注意力分散到其他專案。這是追求卓越企業文化之路上必須認真應對的一道重大障礙。當你亟欲採行一項構想時，要三思而後行，推敲一下它對你的組織是否果真行得通。我們可從書籍和文章裡發現無數出色的點子，問題是每個組織各有其獨一無二之處，而且都有各自的形形色色挑戰。如果你認為，其他企業成果豐碩的傑出做法，能夠套用到你的組織而達到相同結果，這可是風險極高的想法。

你或許有機會把各公司種種優異的做法綜合起來，然而到頭來，在其他企業行得通的方法，不必然能為你所用，或對你的企業產生相同效果。

我曾在舊金山與哈特房地產公司（Hart's Real Estate Firm）的領導者和經理人共事。我們安排一整個星期召開各式會議，工作開始前的週日下午，我抵達舊金山，然後於傍晚時分與其領導團隊共進晚餐。在晚宴最初一個小時，十五位領導人輪流講述企業績效上最棘手的一些難題。顯得坐立不安的他們怨聲連連，滔滔不絕且鉅細靡遺地述說著，公司在企業文化變革的過程中遭逢的諸多重大挑戰。

營運長丹對我指出，「我們嘗試過眾多增益商業文化的方法；當中某些產生過相對而言較好的作用，有些則未見成效。而我們迄今仍未獲得眾望所歸的成果。」

「你認為問題出在哪裡？」我問說。

「麥特，這就是重點所在，我們正是不知道問題出在哪裡，」丹回答說。「我們甚至有一位文化長（Chief Culture Officer）潔西卡，她很聰明而且非常稱職，一直不遺餘力協助我們。她幾乎每季參與文化相關會議，還時常拜訪其他企業，學習各種傑出的企業文化實踐方法。她一回到公司隨即向我們分享企業文化構想，而我們刻不容緩、馬上著手實行。但隨著時間推移，我們清楚意識到必定在什麼地方出了差錯，因為潔西卡學到的優秀做法，沒在我們公司產生相同結果。」

丹、潔西卡和這家公司領導團隊其他成員都求好心切，積極參與企業文化相關的會議，甚至向其他企業取經，然而問題並非他們不夠努力或熱情不足，而在於他們沒有花時間去探究組織內部主要的弱點。這是任何意圖制定優先行動方案來處理重大難題的公司不可或缺的步驟。然而，只是提出構想和檢驗是否行得通，距離有效解決問題還很遙遠。甚至可能弊多於利。

最壞也不過如此，對吧？

努力提升企業文化總比什麼都不做來得好，對吧？不必然是這樣。雖然付諸行動值得讚揚，但把時間和精力用錯地方可能會招致損害。當你開了無數會議而且每日工作量額外增多，卻沒能驅動實質的改變，滿腔的熱忱將會喪失殆盡。

我協助丹和潔西卡擬定了一套，確切符合該企業需求的方案，它最初著重於確認該企業當前定位，而不是接二連三拋出新構想。丹後來告訴我，為公司量身打造的簡明扼要文化對策，在短短數個月內獲致若干進展，不但使員工投入度顯著提升，也讓他們感到活力十足。

我鼓勵你們探索出類拔萃的企業文化實踐方法，也推薦大家博覽那些誘發你們興趣的好書和文章，但是千萬不要因而從首要目標上分心。別讓閱讀和待辦事項清單阻礙你們。投注必要的時間去辨識大有可為的時機，好為組織當前境況帶來最高效的影響。

第五道障礙：沒有發生骨牌效應的連動改變

就商業來說，骨牌效應（cascading）的變化是什麼意思呢？根據字典上的定義，骨牌效應是指「某件事物（通常是資訊或是知識）依次相繼傳播的過程。」

由於各組織的規模相去甚遠，因此各組織出現逐層傳遞的變化的困難程度將相應地截然不同。毫無疑問，革除不合時宜老舊慣例並打造新企業文化是千難萬難的工作。而把變革推廣到整個組織形成逐層傳遞的變化，使任何背景、年齡和人格特質的男女員工接受改變，並影響他人理智地回應變革，更是難上加難的事情。

我們的策略必須著重實際效用，並且要與直覺及內心深處力求行動和勝出的決心相輔相成。尋求企業文化上逐層傳遞的變化，或是促進既有企業文化更上層樓之所以如此艱難，是因組織每個部門各有其現行的、與企業文化相關的行為準則和動態。

每個組織的各個分支和部門存有眾多不同的團隊，即使組織的整體主旨十分明確，諸團隊或部門仍會有各自的信仰體系和做事方法。它們的職場環境有些或許極其正向，有些則可能非常負面而惱人。

組織打造卓越企業文化和促使全員和衷共濟的實質挑戰在於，成員必須揚棄過往學會的種種行為和存在方式。此外，組織須發展和堅持不懈地執行戰略對策，藉以確立內部的溝通方法、釐清什麼人理應在何時說什麼話，以及簡要地分項闡明如何使企業文化大舉融入整個組織。

許多領導者在創造優越企業文化的過程中做出傑出的貢獻，而且他們視其為當務之急，重視程度不下於組織的其他關鍵層面。無論如何，隨著歲月推移，企業文化之旅會在日常的商業需求下經歷許多迂迴曲折，多數人將驚訝地發現，推行大規模的企業文化變革難如登天。

組織裡存有許多使企業文化臻於卓越的空間，而要達到真正的至善境界，不能只仰賴少數幾個部門實踐新企業文化。每一部門、各個團隊、全體員工都應當了解企業文化的定義、企業文化的象徵意義，以及如何透過日常行為具體落實企業文化。

要達到這樣的目標，至關重要的是領會下列事項：

一、產生興趣和採取實際行動是兩回事。光是對於打造傑出企業文化興致勃勃並不能促成企業文化進展，成功之道在於持之以恆的行動。

二、追求卓越是沒有終極標的或終點線的這是持續不斷的過程。建構世界一流的文化是永無止境的重任，它不但能使你交付無與倫比的商業成果，也可提供所有團隊成員得以成長茁壯的職場環境。

在策進文化上獲致成功的組織和領導人都明白，這不像其他提案或專案那樣，有常見的起始和終止日期。組織理當於全面投入並展開行動之後的每一天，鍥而不捨地尋求達到企業文化卓越之境。

採取行動來緩解和克服阻礙

讓我們來檢視一些克服五大障礙的實用方法。而在接下來的章節裡，我們還將詳細討論這些障礙和緩解其負面衝擊的幾個策略。

一、戰勝領導階層不支持沒有參與熱忱的障礙：你將永難促使所有員工百分之百的投入，然而對於領導階層的支持和參與熱忱，則要確保萬無一失。領導團隊理當始終不渝地專心致志，必須從初始就懷抱熾熱的心去建立、增進和推動自身與文化建構過程的深刻連結。在啟動文化之旅之前，最好先頻繁地召開前後連貫的領導階層會議。開會用意不只是事前確立文化旅程的各項標的，還要闡釋重要性，以及每個人在旅途上必須扮演的關鍵角色。此外，推行一系列凝聚團隊向心力的活動，始終是頗具成效的做法。我們愈能強化團隊成員之間的互信，讓他們彼此開誠佈公和產生個人之間的連結，就愈能促成文化在組織裡徹頭徹尾深入人心、獲得具體實踐。

二、克服口月口喊口號而無實際行動的障礙：要專注於把價值觀轉化成日復一日持續的行為，並將文化融入組織的一切作為。這包括新人聘僱流程、入職適應相關規畫、領導力發展方案，以及整體企業一切訊息的傳達。對於文化價值要執著並主動進擊。更要深思熟慮應當雇用什麼樣的人、該讓哪一類人離開，以及最終要拔擢何種人才。這將向夥伴們傳遞強效的訊息、驅動源源不斷的各種期望。當企業文化融入你與組織的一切作為之中，你將開始破除「光喊口號而無實際行動」的認知束縛，然後企業文化將在你和組織的基因裡根深柢固。

三、擊退想要立即滿足的慾望：要從著手改造文化那一刻，以及在整個再造企業文化的過程中，不斷強調羅馬不是一天造成的。起初就要建立這樣的衡量標準。也要運用趣聞軼事、實例和各種比喻來闡明，打造卓越企業文化的過程需要無比的耐心和貫徹到底的決心。

四、克制曲解和分心：擘畫為期十二個月、由領導團隊接掌和策進文化的策略藍圖。召集極具影響力的經理人和第一線員工，組成一個委員會與資深領導團隊群策群力，共同判斷你們在哪方面最能發揮影響力、理應率先專注於哪些文化實踐。

五、克服沒有發生骨牌效應的連動改變：為了使大家隨時掌握最新資訊，應當製作一套視覺傳達行事曆，將預定逐層向整個組織傳遞的訊息和相關時程做好規畫。還要著手籌畫領導階層定期會議，好研議各種可行的做法、理應改進之處，以及決定該賦予哪些領域較高的優先權。絕不可只告訴員工你有什麼目標或期望；而要積極主動時時給予提醒，更要針對特定的行為變革創立訓練計畫。

第5章

五步驟打造世界一流企業文化

企業文化能夠引領自主行為，而且可以彌補員工手冊不足之處。企業文化指導我們如何回應前所未有的服務需求。它告知我們應否冒險向老闆提出各式新點子，也告知我們究竟該揭露還是隱匿問題。員工可在企業文化指引下，每天自行做出數百個決定。當執行長一如多數時候不在辦公室時，我們便聽從企業文化的指示。

——法蘭西絲·傅萊（Frances Frei）和安·莫里斯（Anne Morriss），《非凡的服務》（*Uncommon Service*）共同作者

絕對不要因為執著於卓越的企業文化、期許自己和部屬止於至善而心懷歉意。

某夜我在晚餐時對友人布萊恩說，「很遺憾，當今許多商業領袖在策進企業文化上，全然沒能達成預期目標，如果我是企業領導人的話，我會百折不撓地實現標的。」

布萊恩是一家科技顧問公司平步青雲的經理人，剛晉升新職，我們為此聚餐慶祝。他喝了一口啤酒，然後把交握的雙手放在桌上、身體往後靠在椅背問道，「麥特，你的意思是？」

「我指的不是你，布萊恩。你做得很出色。總的來說，我的看法是，不能光是講得頭頭是道，採取行動促成重大變革的時機成熟了。假如領導者和經理人不能貫徹始終地重新評估，為現有和未來的職場打造新企業文化的方法；倘若領袖們不帶頭推行革新，那麼眾多企業將在既存的組織形式下走向凋亡。」

「所以，企業文化和領導力是成功的關鍵？」

「正是這樣。一切都肇始於企業文化和領導力。問題在於，許多領導人雖然明白理當怎麼做，卻少有後續的實際作為。堅定不移的行動是必要的。他們必須永無止境地尋求由內到外的轉變。」

在晚餐即將結束之際，布萊恩告訴我，他此次獲得升遷正是因為對增進文化和領導力始終如一。然而，他有時覺得這種堅持使自己在職場顯得格格不入。過去三年的成就使布萊恩體認到企業文化與領導力的效用。然而，他的同事認為他是個工作狂，不能理解他的擇善固執。

我把對志向遠大領導者的建言獻給了布萊恩。我告訴他，如果你想要超群絕倫、在當今的競爭環境中成為贏家，就必須對建立新企業文化矢志不渝，並且要不斷想方設法來提升領導績效。謹小慎微絕難成就大事。對於自己極度迷戀文化，我未曾感到愧疚不安。

商業經典著作《追求卓越》（*In Search of Excellence*）的作者湯姆．彼得斯（Tom Peters）最近指出，「硬技能即是軟技能。軟技能就是硬技能。這樣的時代來臨了。」[1]

我完全同意他的看法。所有領導者和經理人都應掌握硬技能。我更第一手見證了軟技能足以決定領導人的整體影響力和命運。

從長遠來看，愈多企業認同打造更優質職場的重要性，就愈能對我們的經濟、未來世代的出路，甚至於國家的前途，起到重大的作用。試想一下。如果有更多企業實質地以人為本、把員工的發展視為優先要務，並且提供給他們得以成長茁壯的工作環境，這對於職場以外的更多領域將大有裨益。

身為領導者，我們都能夠致力於開創這樣的未來。我不但確信所有的組織都可能擁有蓬勃發展的企業文化，從而把績效推升到歷史新高點，我更相信所有領導者理應授權推動企業文化變革。我的職涯奉獻於協助組織策進企業文化，以提振績效和對團隊成員賦能，使其得以把實力發揮到極致。

當組織的領導者與經理人對企業文化心醉神迷，其發展上的可能性和必然隨之實際發生的變化將令人嘖嘖稱奇。

假如你已經解決第4章提到的那些障礙，那麼著手推展或重建企業文化的時機已經成熟。請記得，身為領導者或經理人，你應當像處理組織其他關鍵事項那樣注重企業文化再造過程，也務必要清理林林總總的侷限和阻礙。

我見過一些掙扎圖存的企業最終全面轉型成世界一流的組織。然而，也有某些在過去十年屢創佳績的企業未能突破既有成就、更上層樓。當領導者堅韌不拔地專注於形塑組織行為、促進團隊合作和協調一致，藉以改造或重新建構組織文化，這種種努力將能使一切改觀，從而使公司攀上新的高峰。

在打造或提升組織文化上，並不存在一體適用的解決方案。這是因為每個組織都是獨一無二的，各自有其特定需求和發展領域。某個組織可能已經存有正向且強效的企業文化，而其他組織或許亟需全面的文化轉型，或是需要新的管理階層來設定變革目標和嶄新的發展方向。儘管有些企業具備強健的基礎，其現有文化的特定層面仍可能較其他領域更需要關注和發展。

我在過去十年間參與過數百件不同的文化變革專案，當中不少企業領導人孤注一擲地尋求著，最優異且最高效的方法來提升企業文化與領導力，而且這裡面甚至有全球影響力首屈一指的企業。能在最佳位置見證這一切，令我備感榮幸。因此，我長年進行各式實驗和大量的研究，並且把它們和我早年身為美式足球運動員學到的關鍵知識融會貫通，從而構想出創造與維護世界一流企業文化的五大步驟（請參考圖5.1）。雖然這個五步驟流程獲得一些中型和大型企業採用，但它其實適用於任何營利或非營利組織。

打造世界一流企業文化五步驟流程

步驟一：先定義企業文化

假如你要求同一家公司的員工描述「貴企業的文化」，很可能每個人的回答將迥然有別。在蒸蒸日上的世界一流企業，所有職員都應熟悉組織的文化、它代表的意義，以及它對組織中每個成員的期許。我們將在後面的章節談論如何闡發企業文化的目的，而明確陳述文化目的，是界定文化代表的意義的首要步驟，它將成為其他一切的基礎，並且有助於組織內部協調一致。

步驟二：藉由協作和激勵人心

這個階段聚焦於整個組織協作和鼓舞人心的方法。資深領導者應當與所有人力資源經理同心協力求取員工的具體回饋，藉此鼓勵員工參與並凸顯其價值。資深領導團隊和全體人資經理的協作具有無與倫比的力量，而當這個過程的取向轉變為由下而上，其影響力更將突飛猛進。就組織內部推行大規模變革

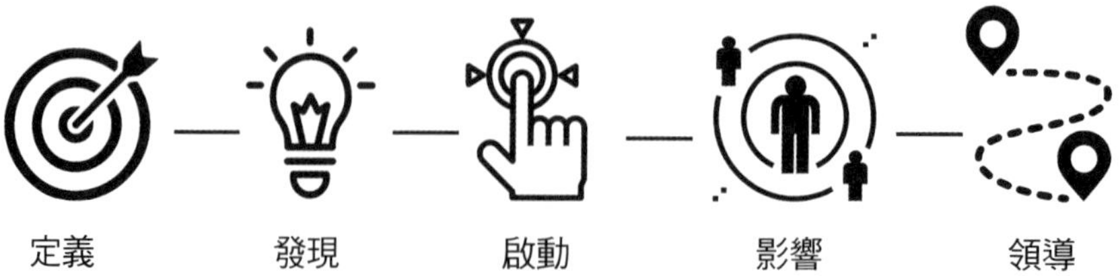

圖 5.1：打造世界一流企業文化建構的五步驟流程

來說，協作和激勵人心的方法之重要性與領導力不相上下，而由於它能鼓舞經理人和其他關鍵的利害關係人進一步投入，因此可以發揮更大的效用。唯有全體領導者、第一線經理人和所有員工熱切參與，方能帶來最豐碩的成果。

步驟三：啟動、逐層傳遞、深植人心

如果企業文化不能從組織的頂層涓滴下滲，並且使所有部門沉浸其中，則難以使連成一體的組織全面受益。許多領導者和人資經理相信，公司只需要強大的核心價值體系，以及眾所周知的定義明確的企業文化。然而，這樣還不夠。領導者的第一要務應當包括，把企業文化推廣到整個組織的每個角落。這個步驟全然繫於積極投入和勤奮不懈地在整個組織實踐企業文化，以及使企業文化融入組織所有的功能之中。企業文化若欠缺傳播策略，恐有孤掌難鳴、影響有限之虞。

步驟四：長期影響

掀起風靡一時的文化話題、造成短效的衝擊，絕不能與體現組織核心價值並產生長遠影響的文化相提並論。有些企業的一次性廣告攻勢可於短期內引發受眾的興奮反應、帶來立即的成果。而這些公司真正的考驗在於，如何創造可長可久的企業文化，以利不斷創新和形成深遠的影響。步驟四旨在降減企業文化僅具短期效應的可能性，有助於你發展策略來開創永續企業文化。

步驟五：領導者一定要帶頭先做！

這是組織打造世界一流文化能否成功的決定性步驟。一切取決於組織領導人在樹立文化楷模上做出優異表現。他們理應擔任開路先鋒，日復一日實踐所宣揚的文化，並為組織全體成員設定明確的文化期許。領導階層日常的企業文化實踐，將對整個組織傳達強效的訊息。即使領導人認為公司其他成員不會對他們馬首是瞻，實際上大家都很清楚高層對他們的期望。職員們會洞察領導團隊日常作為所反映的一切。要讓員工理解組織推行企業文化變革或是策進企業文化的意圖，就需要強效領導團隊領軍前進和定下基調。

最後，我鼓勵每位讀者，「帶頭做！擔任引路先鋒！當文化的先行者，去激發興奮感、活力和不斷遞增的進步，從而扭轉乾坤。」

第6章

企業文化目的宣言

團隊文化是地球上最強效的動力之一。

——出自丹尼爾·科伊爾（Daniel Coyle）所著《高效團隊默默在做的三件事》（*The Culture Code*）

當飛機驟然停止滑行時，我在座椅上猛然向前晃了一下，心中急著想趕快下機。機長透過廣播說道：「歡迎光臨芝加哥，本地今日多雲有雨，目前氣溫為華氏四十二度、攝氏五點五度。祝您此行愉快，也感謝您搭乘達美航空（Delta）班機！」

如我所料，多雲有雨。這是我的家鄉芝加哥常見的天氣。

乘客們起身準備下機，紛紛從座位上方置物櫃取出行李。我拎著小型手提箱沿著走道走向出口。能夠再度伸展手腳，感覺很舒服。

當機門打開後，空服員們指示大家魚貫下機，我迅速出了飛機、離開歐海爾國際機場，一路直奔芝加哥市中心的旅館。那是我預定發表演說的地方。由於時間緊湊，我沒空吃午餐，更無法回老家休息、恢復精力。

當時是二〇一八年，我和伊利諾州SGWS酒業公司的夥伴關係已進入第三個月。在最初期，我和資深領導團隊著眼於增進領導績效，擬定了新的流程和行動計畫。為了啟動會談，我們集思廣益，共同探索這些問題：

- 組織當前處於什麼位置？渴望在一兩年內推進到何處？
- 如何在成長、發展、市占率和獲利能力上樹立更高層次的典範？
- 組織成員理當轉換成何種心態和行為以促成典範轉移？

正如我們在第4章所學，組織文化達到至善之境的五大障礙之一是，領導階層欠缺支持和參與的熱忱，或對既有的成就自鳴得意。不論我的合作夥伴是什麼樣的組織、現有的文化是正向或是負面的，我的優先要務在於和資深領導團隊群策群力。除了協同思索如何打造更緊密結合且更高效的團隊，我們還專注於為重大的文化工作奠定基礎。

伊利諾州SGWS是獨步一時的企業，長期維持著極高水平的績效。他們的商業成就傲視群倫，而且隨著韶光流逝，不難洞悉他們為何能夠常保佳績。當中一個原因是，他們始終念念不忘商務執行力，而且推展業務總是明快俐落。他們不只堅決地尋求達成標的，也提供給顧客與供應商非凡的體驗。

我稱它為獨一無二的案例，因為這家企業從未發生過重大的績效問題。他們當然還有一些必須改進的地方，但在諸多其他組織眼裡，他們可能沒什麼值得擔憂的問題、不須投注如此多時間和精力來提升領導力和文化。

在我們博採眾議、就前述問題完成富成效的討論之後，我向與會者問道「貴公司的企業文化是什麼？」

起初大家一臉茫然，隨後領導者們開始朗聲說出他們對於企業文化的迥異看法。有些人迅即提及公司的家庭價值觀，其他人則徵引組織闡述使命與願景的書面聲明。還有人運用了強勢的主導性言詞，並認為這能完美呈現該企業的特質，當中包括：

出類拔萃
全心全意投入
執行力

這些無疑都是漂亮話，但同時也是從機場到禮品店，隨處可見的沉悶乏味廣告詞。它們讓人無精打采甚至感到無聊。

雖說沒有人會主張那些話語全然謬誤，而且它們事實上是該企業獨占鰲頭的部分原因，然而在那天下午，會議室中二十位領導者都沒能明確定義其企業文化，儘管他們對企業文化都有各自的認知。

我把他們說的一切做成了筆記。在大約十分鐘之後，我又問說，「你們有體認到剛才發生了什麼事情嗎？你們就組織獨到之處和企業文化分享的相關看法，竟然存有多達三十五種不同觀點。」

他們彼此面面相覷。

我繼續說道，「卓越的企業文化必然是定義明確的文化。這意味著，每位領導者、經理人、員工都能闡釋企業文化及其寓意，而且每個人的描述理應如出一轍。」

他們再度相互看了看對方，某些人甚至皺著眉頭。

「請思考一下這件事情，」我說。「或許你們從未用這樣的方式探索過企業文化。」

有幾位領導人開始交頭接耳。幾分鐘之後，執行副總裁暨總經理泰瑞．布里克表示，「麥特，你說的很有道理，也確實切中要點。我們擁有一套家族價值體系，但我們今天發現，每位領導人對公司文化各有不同的詮釋。我們必須給予它明確的定義。」

這是我時常遇見的情況。當我要求領導者或分屬不同部門的一群員工闡明其企業文化時，他們會分享一些核心價值、公司使命宣言，或是他們認為能完美呈現企業文化的啟發人心的話語，然而很少人能夠對組織文化及其寓意做出大同小異的闡釋。

任何像伊利諾州SGWS這樣文化定義不明確的組織，縱使也能獲得成功和商業優勢，然而其尚未開發的潛能卻可能長年處於蟄伏狀態。

界定和闡發組織文化是臻至企業文化卓越之境首要步驟之一，這既可產生意想不到的成果，又能增進實質的商業影響力。請記得，企業的核心價值、使命與願景聲明，以及公司官方網站上宣傳的一切事情，全都是組織文化的一部分，而且只是比較不重要的層面。

我不是說，釋義昭著的文化就是傑出的文化。伊利諾州SGWS的組織文化非常出色，卻有點裹足不前，而且因為沒有確切的定義，以致無助於公司以所需的方式推展和進化。我與全球各地眾多組織有過夥伴關係，即使合作當時這些組織的企業文化定義並非脈絡分明，許多組織仍具備健全且績效卓著的企業文化，無論如何，組織若要擺脫侷限和達到至善之境，那麼基本要務即是賦予企業文化明確的定義。

擬具清晰、確切且簡潔扼要的聲明來闡述企業文化目的，能為你從事的一切事情提供指引。

企業文化目的宣言——「今天就變得更好」

在二〇一八年的芝加哥會議期間，我與伊利諾州SGWS資深領導團隊用了三小時，為該企業的文化目的聲明出謀劃策。由於我們先前已有數個月共事經驗，而且確立了會議的節奏，因此伊利諾州SGWS的領導人能夠自在地敞開胸懷、分享他們的意見。

正當文化目的宣言即將敲定之際，泰瑞．布里克表示，「麥特在上次會議引介了『今天就變得更好』（Get Better Today）這句箴言，並且闡明了領導者具有這種心態的重要性。此後這座右銘一直對我們產生深遠影響，所以我們為何不把它加進**企業文化目的宣言**裡？」

會議室內響起此起彼落的應和聲音。

「我喜愛這個提議！」

「我贊成！」

「如果我們落實它並且恪遵其道，將能所向披靡。我附議！」

在諸位領導人異口同聲支持他的提議後，泰瑞總結說，「我認為這完美地描繪了我們的企業，它闡明了我們的認同、我們寄望的目標，以及我們身為領導團隊理應有何作為，以達成公司弘揚家庭價值的使命。」「它幫我們鋪平道路，從而為供應商和客戶產出優質的成果。我確信，假如我們『今天就一起變得更好』，我們將能實現力圖做到的一切事情。」

令我感到意外的是，那場會議結束後，我們不只敲定了企業文化目的宣言，還使得眾人的熱忱煥然一新。資深領導們變得熱情如火！他們的興奮感和活力有目共睹。這一切都是拜「**今天就一起變得更好**」這句宣言所賜。

到了二〇二〇年三月爆發新冠肺炎全球大流行疫情時，這句話成為強效的催化劑，促使伊利諾州SGWS安然度過疫情，並得以扶搖直上、創下歷來最亮麗的年度佳績之一。這個企業文化目的聲明能夠立刻改變一切嗎？它是該公司通過疫情考驗且蒸蒸日上的唯一憑藉嗎？當然不是這樣。然而，它為定義企業文化提供了清晰的思路，使他們得以每天帶著興奮感和熱情去推動新典範。**當他們面臨危機的考驗，它將激發希望、使他們和使命產生更深刻的連結，並讓他們專注於日益精進的過程。**

這個文化目的宣言將在關鍵時刻深植人心，它會成為幫員工指引方向的北極星。這就是企業文化目的聲明的力量和它能夠做到的事情。你可以隨心所欲地稱它為宣言、座右銘、主題。無論如何，它具備的潛力可以逐步為我們灌輸巨大的活力，並使組織的作為、績效，和最重要的應對所有處境的方法協調一致。

當被問及組織文化時，團隊成員將能毫不遲疑地給出確切的回答。企業文化目的宣言不但有助於明確定義企業文化，也具有使每個團隊成員個人生活發生深刻變化的潛能。選用令人感覺良好的詞語、口號、真言並把它當成漂亮話來說，將不會產生太大的效用或讓任何人受益。以伊利諾州SGWS公司為例，其企業文化目的聲明產生卓著影響力的部分原因在於，它不只被應用到商業或員工的專業生活上。如果你是一位父親，你可以從企業文化目的宣言的實用性獲益、積極地尋求改善親子關係的方法。假如你是熱衷於社區服務和促成改變的某團隊成員，則可呼朋引伴共同增進他人生活與在地社群福祉，好落實文化目的聲明。最近，我和伊利諾州SGWS的經理人有過兩場啟發人心的對話，內容是關於企業文化目的宣言如何影響他們的個人生活。

約書亞

第一場談話的對象是約書亞，他是伊利諾州SGWS公司某個團隊的成員，已在該企業任職超過二十年。我們對話當時，約書亞正經歷人生最艱難的階段。他的至親剛過世不久，他也是主要照顧者，而在疫情肆虐期間，他和全家人在情緒上都遭到沉重的打擊。某天約書亞透過電話對我說，「麥特，我必須誠實地告訴你，當領導團隊開始談論『今天就一起變得更好』時，我認為這只是又一個品牌主張、另一句口號，它將成為我們數個月間朗朗上口的話，然後一如往常，我們終將拋開它繼續尋找下一個標語。」

我察覺到他的聲音飽含情緒張力。他停頓了一下，顯然努力壓抑著淚水。我能體會他的感受，於是給他時間來沉澱心情。

最後，約書亞繼續說道，「隨著時光流逝，我領會到這個文化宣言並非一時片刻的口號，它實實在在地使我擺脫了陰霾。『今天就一起變得更好』日漸成為激勵我、令我振奮的生活方式。我們同屬一個團隊。我們同心協力！我霎時不再感到孤立無援。麥特，你能理解我的意思嗎？」

「是的，我懂。」我登時回憶起早年在大學美式足球隊與霍教練共度的歲月，因而心緒翻湧難已。霍教練是首位倡議「今天就變得更好」的人，我還記得當他辭世時，我心無所依、備感孤寂。「麥特，這絕非微不足道的事情。如果沒有同事們在日常生活中共同實踐企業文化宣言，我不確定自己能夠撐過痛失至親的失落煎熬並且持續勇往直前。」

愛德華

在一個灰暗的日子，我與伊利諾州ＳＧＷＳ公司的愛德華於芝加哥一家巴黎風咖啡館敘舊。他到的比較早，他靜靜地喝著濃縮咖啡等待我，並且享受著這家咖啡館賴以馳名的歐式「小品味」。熱騰騰的烘焙咖啡和剛出爐的新鮮糕點散發出陣陣香氣，飄過整個咖啡館，令人感到心曠神怡。

我走進館內向他招招手，並從櫃檯點取咖啡，然後坐到他的身旁。愛德華即將退休，他在日前致電詢問我，能否撥空和他一起喝咖啡聊天。他說有個趣味盎然的故事要告訴我。

見面後我問愛德華，「今天好嗎？」

他說，「很好，感謝你前來會面。」

「當然要見一面。」我把椅子拉近桌沿，並且啜飲了一口咖啡。

「麥特，你想聽聽我的事情嗎？我對自己即將退休始終感到非常害怕，因為我深愛著所服務的這家企業。我的妻子已於數年前去世，兩個孩子目前都在加州生活，所以大部分時間只有我和愛犬斯科蒂相伴。我總是相信，一旦離開工作崗位，我將悵然若失。不過，拜你和公司領導團隊所賜，我一直實踐著企業文化目的宣言，把『今天就一起變得更好』應用到我的個人生活。」

「在個人生活上實行嗎？」我問說。

「沒錯。它幫助我找到了充實人生和培養嗜好的方式，而這些是我先前未曾考慮過的事情。」

「愛德華，知道此事令我深感欣慰。」我說。「你能再更具體說說嗎？」

「企業文化目的聲明提醒我並不是孑然一身。世上還有許多人分享著我的理念和熱情，即使我退休了，還可以和他們共同創建新社群。」

我微笑著說，「你的想法絕對正確。」

「我持續找尋著來日退休後能夠做的事情、可以培養的嗜好。企業文化目的宣言幫助我走出了舒適圈，促使我於每天下班後和週休期間，出去嘗試新鮮事物。一年之後，我確切領悟了自己企圖做什麼，以及想和誰一起來做這些事。」

愛德華拿出一個活頁夾，給我看其中滿滿兩頁關於退休後生活的詳盡計畫。

他眼中泛著淚光說道，「我過去總是一心專注於工作。長年把自己奉獻給公司。我享受著步調快速的工作環境，從未想像過，當退休時刻來臨，我將找到能夠填補生命空缺的事物。」

除了這兩件個案之外，還有不勝枚舉的其他案例可以證明，企業文化目的宣言不只對員工的職業生涯產生影響，更能夠造福他們的個人生活。

美式足球教練的教誨

在討論企業文化目的宣言及文化引導力的重大意義時，大學美式足球教練的經驗教訓可以提供一些卓越的範例。

本書第1章曾經提及，某些最優秀的文化建構者是體育教練出身。我相信這有幾個原因。菁英大學美式足球教練總是面臨一心想擊敗其球隊的堅決對手。眾多對手在每週的比賽前，莫不時時刻刻仔細分析敵方球隊的種種弱點。

我們可能在某一週成為獨步全球的明星球隊，卻在下一週淪為家鄉民眾也指指點點的全民公敵。當輸掉球賽時，在地媒體會鉅細靡遺檢討球隊的一舉一動，並且針對球員的表現提出批評。教練的工作幾乎沒有就業保障可言，有時甚至在人盡皆知之後才發現自己被開除了。

更不必說，教練每週的績效都會被公諸於眾。球隊每週六在球場上的表現，將決定教練是贏家還是輸家，而且每個人都可以從賽事錄影評判教練的實績。教練可能覺得這是艱鉅、帶有羞辱性的、令人難堪的工作。然而當週冠軍球隊的明星教練，將體認到這是美好又令人振奮的職業。

在商業世界中，我們也可從領導者和經理人身上見到類似情形。他們的職責可能極其嚴苛、艱難，甚至要面對野蠻的割喉競爭。他們必須對公司的股東和董事會有所交代。客戶們也可能對他們毫不容情。他們承受著瞬息萬變、各色各樣的要求，而且組織內外的種種變化可能令人不勝負荷。

不過，企業領袖和人資經理日常分分秒秒的表現不至於被人錄影，然後在每日晚間新聞時段播放出來。至少不會被人用明顯的方式對外報導。即使他們在公司犯了錯或是做出代價高昂的決策，民眾通常要待數個月甚至多年以後才會獲知消息。

縱使企業的關鍵利害關係人和領導者企盼當下致勝，而且時時殷切期望能夠實現抱負，他們對於立即取得戰果，並不像人們對球隊教練的要求那般嚴格。

我無意比較菁英大學美式足球教練與企業領袖孰輕孰重，或是哪個的職責更加艱鉅。兩者同樣是千辛萬苦而且要求極高的職位，但它們的工作動態及所受期待大相逕庭。

對於闡釋贏家文化需要力度、奉獻精神和堅定意志等特質，美式足球教練堪稱卓絕的範例。他們分秒必爭，務求即刻在場上克敵制勝。在美式足球界，讓背景、經驗、知識程度、人格迥異的上百個年輕人齊心協力的唯一方法，就是明確定義球隊的文化，使其成為球隊運作的基礎。

每支主要的大學美式足球隊都渴望成為聯盟決賽冠軍。儘管設定標的和展望未來前景事關重大，然而這是所有球隊習以為常的事。

企業文化是期盼出類拔萃的球隊首要的憑藉。求勝若渴的教練寄望選手贏得最佳戰果，而成果終究始於他們開創的日常環境和要求的球隊文化。讓我們來檢視一些具體的案例，在這當中，美式足球教練運用了創造企業文化目的宣言、精神支柱或訴求重點的力量，不但造就了卓越的團隊文化，更在球場上催生出非凡的戰果。

「堅韌不拔的」梅爾・塔克（Mel Tucker），密西根州立大學斯巴達人隊總教練

不論是商界或體育界的傑出領導者，他們在追求卓越的過程中都百折不撓。以梅爾・塔克為例，他於二〇二〇年二月出任密西根州立大學斯巴達人隊總教練。當時多數大學美式足球隊預測，斯巴達人隊將在十大聯盟墊底。儘管該隊那年陷入困境，但隨即於一年後打進大學美式足球季後賽，並且最終在這年賽季拿下十一勝二負的佳績。

這個格外出色的重大轉變的決定性因素是什麼？關鍵在於他們不屈不撓的精神。這正是塔克教練諄諄教誨下建立的球隊文化。他們培養出「鍥而不捨」的態度、日常的練習一貫地強調日益精進，並且著重種種細節，比如說頭盔下巴繫帶應當扣緊、鞋帶必須綁好、球衣下擺要紮進褲腰。❶

塔克教練屢屢在記者會上表明，「團隊文化就是一切。」他於就任總教練首日即告訴球迷，可以期望球隊擁有優越的贏家文化。在此之後，「堅韌不拔」成為其球隊一切作為的基礎，最終形成了球隊藉以更上層樓的致勝文化。「堅韌不拔」看似塔克教練的口號或管理上的時髦術語，

但它實則有助於實現更遠大的目的，這從球隊迄今的優異表現不難體會。

宣揚「相親相愛」（Love Each Other）的湯姆・艾倫（Tom Allen），印第安納大學山地人隊（Indiana Hoosiers）總教練

「相親相愛」是湯姆・艾倫的座右銘、精神支柱，而且他絲毫不在意他人是否認為這了無新意。他總是隨時隨地高呼「相親相愛」的英文首字母縮寫「L.E.O.」，並且以它作為山地人隊的文化骨幹。你或許會問，「美式足球隊如何憑藉『相親相愛』直搗黃龍？更何況這是如此暴烈的球賽？」

艾倫教練自有他的道理。他曾在伊利諾州高中美式足球教練協會指出，「美式足球與愛有什麼關聯？它們之間有千絲萬縷的連繫。我是如此愛你們，因此我不會允許你們成為平庸的球隊。」[2]

許多選手們承認，起初不知道該怎麼理解教練朗朗上口的「相親相愛」，某些人還把它誤解成對新隊員的友愛，或者誤以為「L.E.O.」意指獅子座。當他們得知「L.E.O.」是「相親相愛」的英文首字母縮寫後不禁失笑，不過他們信任艾倫教練所說的，要具備真正的贏家心態方能實際

成為贏家。也就是說，選手們理當彼此互信、相互敬重，更要相親相愛，進而使球隊日進有功並且於球場上勢如破竹。❸

隨著歲月推移，艾倫教練持續熱情地從每個面向為球隊灌輸「相親相愛」的觀念，選手們不但逐漸領會它的深刻道理，更不斷在球場上締造勝績。在二〇二〇年賽季期間，印第安納大學山地人隊接連擊敗密西根、賓夕法尼亞和威斯康辛的大學球隊，在美聯社的民調中位居前十名，創下一九六九年以來首見的紀錄。

注重「過程」（The Process）的尼克．薩班（Nick Saban），阿拉巴馬大學紅潮隊總教練

尼克．薩班是歷來最傑出的大學美式足球教練之一。某些人甚至主張，他向來在所有運動領域最出色教練之列。他擁有大學美式足球史上大多數教練頭銜，而且其球隊總是年復一年不斷有優異的表現。這是因為他能招收到全美最頂尖的高中美式足球員嗎？絕對沒錯。但是，無論如何，人才對於球隊的幫助仍是有限的。更舉足輕重的是薩班教練對細節的注重，以及他那無與倫比的、堅定不移的訓練過程。

他的訓練計畫著重「過程」。假如你走訪該球隊的訓練設施，將很難看到類似贏得全國冠軍這類標語。

薩班教練常說，假如你一心只專注於最終戰果，而忽略必要的投注大量時間和精力準備的過程，將會面臨落敗的下場。薩班側重過程的心態本質上是聚焦於日常理當完成的訓練，而不只是設定一個特定的目標來達致成功。球隊必須有明確的奮鬥標竿，更須依循這個標準努力完成每天的練習。[4]

對薩班教練來說，「過程」不光是在訪談時反覆提出的一種說法，也不只是對球隊說教的用詞。它是在日常生活中具體落實的種種事情，同時也是對選手們和球隊其他成員的各式要求。勝負之間的差異就存在於細節之中。專注於「過程」就是不斷地提醒自己，「成為冠軍絕非唾手可得的事情。要聚焦於勝出的過程必須完成的一切準備，而非一心只想著克敵制勝。」

主張「堅持到底」的P. J. 弗萊克（P.J. Fleck），明尼蘇達黃金地鼠隊（Minnesota Golden Gophers）總教練

已有不少文章談論過P. J. 弗萊克教練的事蹟。弗萊克向來以火爆、熱情洋溢的教練風格著

稱。在任何一個週六賽場上，你將見到弗萊克教練於邊線旁以快過多數球員的速度東奔西跑，並且高聲吆喝、催促選手們衝！衝！衝！當球隊有大放異彩的表現時，他更會全速跑向球員們為他們喝采。

在遭遇了一場個人悲劇之後，弗萊克教練開始使用「堅持到底」作為他的座右銘。他的兒子剛出生不久就因心臟問題夭折，令人震驚的損失促使他尋求理解這一切的更深層意義。他並著手反思，在划船競賽中，為何多數選手於對手奪得錦旗之後就停止划槳的動作？

當他首度提出「堅持到底」這個主張時，媒體和民眾感到納悶，心想比起美式足球教練，弗萊克似乎更像勵志的演說家。後來他和作家強・高登合著了《堅持到底》（暫譯，*Row the Boat*）這本暢銷書，藉以闡明他的教練訴求和教練主題。他還錄製了一系列教練影片。在這些書籍和影片之中，他闡述了以下論點：

- **船槳：能量**。唯有你能定奪，究竟是要繼續划槳，還是要收槳、不再使用它。
- **船：奉獻**。你付出愈多的人生來服務、幫助他人，你的生命便益加美好和圓滿，而且你的奉獻將更形發揚光大。
- **羅盤：方向**。你對於自己的人生和親友的願景，將幫你創造出令人心馳神往的夢想。

弗萊克教練指出，「堅持到底」的過程體現出他整個教練計畫的運作方式。當你採取「堅持

到底」的心態來面對人生，將可激發積極的作為。任何組織或企業的領導者都可善用這樣的思維來贏得成功。❺

不只是構思巧妙的口號

即使教練們可能不會將其主張或訴求稱為文化目的聲明，但他們全都造就了相同的事情。他們的球隊均有特色鮮明的勵志小語、金句或訴求重點，而且和他們的訓練計畫的方方面面相得益彰。如果你更深入發掘他們的故事，你將迅速領會到這遠不只是一些靈巧的口號。每位總教練在管理球隊方面都向他們的北極星尋求指引。他們教導所有球員達成預期目標的方法，而且他們的勵志座右銘在場上和場外都成為球隊選手心中的羅盤。

你也能夠在自家公司做到同樣的事情。然而，當我推薦企業文化目的聲明這個構想時，曾有某些商業領導人產生若干誤解。因此請大家將以下這些事情銘記在心：

一、千萬不要混淆不清：別把企業文化目的宣言和企業使命或願景聲明混為一談。雖然有些公司以企業文化目的宣言取代了使命或願景聲明，但這並不是企業文化目的宣言的真正用處。它是設計來協助組織給予企業文化明確的定義，以及確立組織文化的根本基礎。

我曾輔助一個金融服務業機構執行重大的企業文化變革計劃。在我們召開第一次領導團隊會議期間，一位高階主管說，「這是我們運用時間的最佳方式嗎？請看看這個小冊子的背面，我們已經有企業使命宣言。」他把小冊子推到我面前，當我看過內容後，向會議室中約六十位領導者問道，「如果有人要你們說說公司的文化，你們當中有多少人能夠憑記憶把企業使命宣言背誦出來？」最初對我提問的那位高階主管環顧整個會議室，等待著其他領導者們回應。然而，沒有人能辦到。於是我說，「這就是我們必須創立企業文化目的宣言的原因。」

二、**這只是企業文化之旅的一個步驟**：敲定企業文化目的聲明僅是創造更優質文化和職場環境的過程裡一個步驟。令人遺憾的是，不少領導者和管理團隊在完成這個步驟時，興高采烈地認為，這樣便完成了企業文化之旅的艱辛任務。這是不對的想法。正如前面和後續的章節所言，這只是整個過程的一個步驟或一個層面，光憑宣言本身絕無法建構或改造企業文化。你理應時時刻刻提醒團隊成員，這僅僅是通往正確方向的一項措施。當我們推行企業文化革新這般重大的事情時，很容易把做出進展和完成任務一概而論，而著手去進行下一件事情。過早宣稱勝利不但會製造出額外的問題，還可能毀掉先前的一切進展。

三、**不須全體一致贊同**：企業文化目的聲明無須獲得全體無異議通過。在任何變革提案推行初期，不太可能取得全面的認同，如果堅持應獲全體背書，通常會造成領導團隊遲疑不決，或是延宕變革的進程。當然，驅動團隊協作以及促成組織其他成員投入企業文化建構過程事關重大，我們將在接下來的章節詳細談論這些課題。而當前最重要的事情是，確保領導團隊協調一致。考慮到組織的規模，讓其他部門參與企業文化目的宣言的決議或許合情合理，然而決策圈愈是廣大，愈可能造成瞻前顧後、不能當機立斷的問題。多年以來我發現，愈多人參與企業文化目的聲明的創造，決策過程將愈加遲緩。所以確立企業文化目的宣言，理當由領導團隊主其事。只要領導者投身於文化偉業並有能力闡述它將如何融入大局，諸事就能有條不紊地進展。

創立企業文化目的宣言

我們可以從其他人學習經驗教訓、自各種範例獲得啟發，然而重要的是要謹記，組織的文化目的聲明理當與眾不同。在著手定義文化之前，我們必須先考慮和檢視多項要素。關於企業文化目的宣言，除了領導團隊應當對其滿懷熱忱且一心一意給予支持之外，在創意發展聲明的過程中，還必須衡酌其他各式各樣的前提。

舉例來說，假如組織新近推行了合併案，而且員工士氣因此低落，那麼理應把此事納入創立企業文化目的宣言相關考量之中。如果組織正進入重大成長期，且來年仍有抱負遠大的成長計畫，創造企業文化目的聲明時便須採行相關的、更高層次的分析。

當麥可．湯姆森擔任伊利諾州 SGWS 營運長時，我們曾經密切合作。我在前文提過，他是我所認識最明智的領導者之一。由於展現了睿智和強效的領導力，麥可後來榮任印第安那州SGWS總經理。不過，印第安那州SGWS的情況和伊利諾州SGWS迥然有別。雖然它也是高績效組織，但存有許多大異其趣的組織動態和形形色色的挑戰。該公司在五年前經歷過購併案，一些關鍵的領導職位於這幾年間迭有異動。因為這些事件的緣故，組織的士氣和對於未來的憧憬不如人意。

在我和麥可以及印第安那州SGWS團隊合作之初，我們專注於運用企業文化目的聲明來給予企業文化明確的定義。我們最終選定「共同啟發未來」（Inspiring the Future Together）作為印第安那州SGWS的企業文化目的宣言。

做出這個選擇不只是基於組織的過往歷史和成員們當前的感受，也權衡了他們期望的將來。我們理應激勵所有員工，讓他們熱切地相信，印第安那州SGWS公司的未來道路將比過去更寬廣、更美好。他們也須交付給客戶和供應商非凡的體驗和成果，從而振奮大家的士氣。這個企業文化目的宣言奠基於他們展現的各種能力，並且和他們的長程及短期目標協調一致。

在指引領導團隊創發企業文化目的聲明之際，你理當衡量下列各項問題：

一、組織深切關懷哪些內部和外部的事物？
二、我們當前處於何種位置又期望推進到什麼位置？
三、如何消弭實際狀況與假設狀況之間的鴻溝？

四、我們企盼什麼樣的未來？

五、企業文化能夠在哪個領域造成最重大影響？

六、我們期待組織的文化如何被認知？

七、我們希望組織文化提供何種體驗？

八、哪種勵志口號或宣言最能號召我們付諸行動？

九、領導團隊能夠日復一日落實勵志口號或宣言嗎？

十、勵志口號或宣言能讓我們的事業和個人生活同時受益嗎？

圖6.1呈現的是優異的企業文化目的聲明能為你和組織做的事情。

領導團隊的五大行動步驟

以下各項措施將助益你賦予組織文化明確定義，

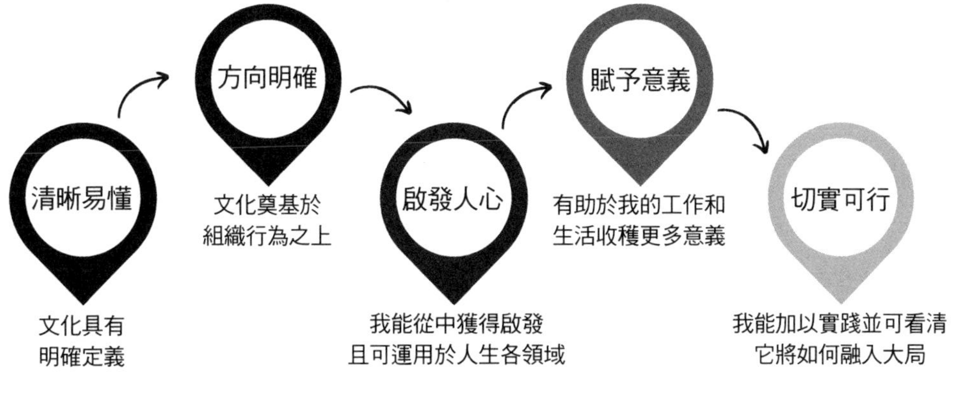
清晰易懂
文化具有明確定義
方向明確
文化奠基於組織行為之上
啟發人心
我能從中獲得啟發且可運用於人生各領域
賦予意義
有助於我的工作和生活收穫更多意義
切實可行
我能加以實踐並可看清它將如何融入大局

圖 6.1：出色的企業文化目的宣言能提供什麼？

以及創建自己的企業文化目的宣言。不論你意圖全面推行組織文化變革，或是促進現有文化更上層樓，這些步驟能夠在你的未來之旅中發揮路徑圖的效用。

一、預先與資深領導團隊排定兩到三次會議，因應未來須召開不只一次會議的不時之需。別錯誤地認為自己能在必要時騰出時間加開會議。每次會議理應有各自的主題和議程。我們幾乎絕不會有充足的時間處理上回未決的議題，況且這將導致會議流程變得很倉促。

二、在會議召開前一週，以電子郵件發送會前預讀資料給所有與會的領導者。電子郵件中應清楚說明召開會議的原因、會議的主旨，並明確地為會議定調定性。

三、鼓勵集體參與和採行開放討論的會議形式。領導者應於會議開頭向團隊致詞，並闡釋明確定義企業文化和建立企業文化目的宣言的重要性，藉此為會議的開展打好基礎。然後，領導人須使會議焦點回到團隊，並且促成大家敞開胸懷、暢所欲言。

四、確保所有人不致離題並專注於眼前的議題。我們常見與會人員岔題，或是某個發言者針對特定議題侃侃而談，這是很可能發生的狀況。

五、一旦敲定了企業文化目的宣言，便須堅定不移地在每個時機分享和闡明其意旨。我們將在隨後的章節談到更正式的推廣做法，而當前你可以著手進行一些基本的傳播工作。

第7章

贏得人心，發揮影響力

不論你的心智或策略如何高明，倘若你單打獨鬥將永難勝過團隊協作。

——里德．霍夫曼（Reid Hoffman），美國知名創業家

谷歌公司曾在二〇一二年毅然探究組織內部數百個團隊，針對當中某些團隊獲致成功而其他落得失敗的原因追根究柢。這個擴及整體企業的研究案被稱為亞里斯多德專案（Project Aristotle），是向亞里斯多德的名言「整體勝於局部總和」致敬。❶

谷歌研究人員的結論指出，只要員工協作而非孤軍奮鬥，將可提升生產力。他們更企盼最終能夠解答，「谷歌團隊得以產生預期結果，憑藉的是什麼？」於是他們著手評估最成功團隊的績效，並且在整個組織成立諸多類似的團隊以複製成功經驗。研究人員歷經數年，對不同團隊進行將近二百次訪談，彙集大量資料、進行廣泛的研究和分析之後，發現了造就卓越團隊的多項關鍵特質，而當中「心理安全感」（psychological safety）尤其至關重要。❷

心理安全感向來因人而異。《心理安全感的力量》（*The Fearless Organization*）作者暨哈佛商學院諾華領導力與管理學教授艾美．艾德蒙森（Amy Edmonson）表示，「心理安全感與友善無關。它是關於直言不諱的回饋、公開承認錯誤，以及相互學習。」❸

多年來有關心理安全感的討論數不勝數，而根據我的工作經驗，各產業界的組織和領導團隊在這方面存有實然與應然的鴻溝。許多領導者雖然承認心理安全感具有重大意義，卻未付出必要的努力，為組織和團隊培養心理安全感。**如果你曉得這是有價值的事情，卻不採取措施去實行，那麼知道又有什麼用呢？**

不過，這不能總是歸咎於領導階層。對許多領導人來說，尤其是經驗老到和領導與管理有方的那些人，隨著歲月流逝，過往養成的行為將日趨牢不可破。此外，在大型組織裡，要有效強化員工投入度、創造心理安全感，是更加複雜的棘手事情。

心理安全感和文化之間有什麼關係呢？道理很簡單。要產生預期的建構、改造或變革文化的結果，須促成整個組織以各種創新的方式參與其中，而正如谷歌的研究發現，心理安全感是最卓越團隊重要核心特質之一。

無論你的終極標的是什麼，領導者要贏得全體員工的心，方能提升或再造組織文化。假如不重視個別員工對於企業文化變革的想法，組織文化將難以徹底改變或更上層樓。唯有員工們獲得鼓勵、相信自己的意見具有舉足輕重的影響力，而且能夠自在地暢所欲言，組織文化才可能發生重大且持久的變化。當員工確知，領導人願意聆聽其心聲，且期望藉此讓諸事獲得實質的改善，員工將更易於溝通、更樂意敞開胸懷分享工作相關感想。這即是心理安全感。

在有毒的組織文化中，心理安全感將付之闕如，員工不但比較不可能直抒胸臆，而且可能只說他們認為領導者想聽的話。這或許是因為他們擔心，如果直言不諱恐將遭到懲罰、解雇或是刻意疏遠。如果職員們不說真話，領導者將永難得知公司的真相、無法了解所需掌握的種種事情，以至於沒有能力開創實質的變革和發揮影響力。

我先前於一家大型保險公司的企業文化再造過程初期，擔任資深領導團隊的顧問。在大約四個月期間，我們召開了數次領導力會議，為這趟文化變革之旅奠定基礎。

這個組織的每位資深領導人都同意，變革組織文化是必要的工作，因為員工在給予回饋方面不能全心全意地參與。比如說，公司年度的員工投入度調查結果已經接連三年低於平均分數，而且調查顯示，員工心存畏懼、不敢直抒己見是公司最嚴重的問題之一。

當我們制定關鍵行動步驟的執行策略時，主要應專注於增進員工參與和促成從未達到的員工回饋熱度。我們決定，與其等待標準的年度員工投入度調查完成，不如由領導團隊主動出擊，去和員工溝通、傾聽他們對企業文化變革過程各個階段的想法。

一帆風順的企業文化革新之旅極為罕見。該企業過去七年成就的締造者、資深領導人朗恩，在首次聽取組織文化改造構想時顯得猶豫不決。他表示，「我們的事業長年成功並能提供客戶最佳服務，原因之一是我們在營運和推展業務上講求速度。如果我們去聆聽員工抱怨他們不喜歡的事情，將會拖慢公司的步調。」

對此，朗恩的同僚們見解分歧，有人同意也有人不贊同。

最後，我回應說，「朗恩，你說的沒錯。貴公司始終以速度和急所當急馳名業界，然而你們因為今晨討論過的那些難題而流失關鍵人才，而且情況將會變得更糟。若能採行不同的做事方法、使得整個組織用更深刻的方式進一步投入，將能讓貴公司的營運受益，甚至可以加快你們的進展步調。」

會議結束後，朗恩並沒有被我完全說服，甚至在數個月後依然如故。然而，他最終還是想通了，而且現今我們已能用開玩笑的方式，來談論他最初舉棋不定的遲疑立場。

分享這個案例是要強調，像朗恩最初那樣的心態和觀點屢見不鮮，而且這將在企業文化變革之旅上成為十分棘手的障礙。

領導者素來相信，聆聽員工心聲只會浪費時間，而且他們總是自認早已知道員工會抱怨的事情，所以何必費事去詢問員工？也有領導人認為，企業文化變革或是任何組織變革提案，都不應開放資深領導團隊以外的人提供想法與建議。還有領導者擔心，聽取員工的意見會給出錯誤訊息、使領導階層顯得優柔寡斷。

組織不會自行變革，也不會因領導者表達變革的意願就出現變化。能夠改變的是在組織中工作的職員們。他們的心態和行為必須有所變易，然後組織才有可能推進企業文化變革。再造組織文化的首要工作是逐一改造員工的心態和行為。而要大規模地改變員工的心態與行為，就必須讓他們感受到自己在組織變革的過程中，扮演著舉足輕重的角色。

我已在第6章中論過創立文化目的宣言的重要性。你們應當記得，領導者必須明確定義組織文化，並且為組織指引前進的方向。在組織文化有了確切的定義之後，接下來的第一要務是促進員工積極參與，而且務必要促成其心態與行為上的轉變。

每個層級的領導者與經理人都要在驅策員工投入上發揮角色功能。根據一項研究的結論，領導者和人資經理對於員工投入度負有至少七成的責任。[4]領導者基本上要不斷與員工溝通，使他們了解組織變革的動態，並讓他們感到自己獲得上級的支持。倘若領導者不了解員工的想法，又怎麼能夠影響和改變員工的心態？管理階層理當一貫地使員工對頭等要務心領神會，更要向他們強調重大的目標、徵求他們的回饋意見，以及排除變革之路上的種種障礙。

由上而下的領導、由下而上的創新

許多文化變革案失敗收場的原因在於，僅由一小群領導者負責變革過程絕大多數事物的執行和進展的方向。而即使有其他人參與其中，也只是因為組織把任務委派給了某個委員會或是人資部門。企業文化變革之旅理應是協作的過程，須聽取全體員工的意見、分享他們的一切看法，並且鼓勵職員全心全意的奉獻。這樣方能啟動真正的轉型和改變。

在二〇二一年底，我對直接聯邦信貸聯盟發表了六十分鐘演說，主題聚焦於領導力和文化。演講結束後有十五分鐘問答時間。直接聯邦信貸聯盟執行長喬．沃爾許在員工開始提問前，分享了他受我演說啟發、即時針對公司核心價值和文化變革計畫做的一些微調。我無意炫耀自己當天的演說多麼精彩，而是要強調文化對於喬是如此重要，而且他總是想方設法來提升文化。在這場演說之後，喬的領導力和他對改造文化的投入程度，讓我印象深刻。我們最近更有一次精彩的對話，主要談論領導者在策進文化的同時，如何促使員工全程參與。

我向他問道，「二〇一四年出任執行長後，哪項決策對企業文化產生了正面形塑的作用？」

「關於組織文化，多數領導者最難辦到的是，揚棄自己一手掌控全局的想法。根據我的職涯得到的經驗教訓，企業文化需要的是由上而下的領導、由下而上的創新。」

「真是耐人尋味。我愛這個概念。」

喬繼續說道，「我告訴所有資深領導人，我們的主要職責在於引領企業文化發展的方向。建構文化是比較屬於藝術，而非科學領域的事情。企業文化的創造需要眾成員及早的、由下而上的積極投入。」

許多企業將文化變革視為應由高層獨力承擔的事，也有諸多公司把變革文化託付給某個委員會專責執行。這類做法令人匪夷所思。

當這些組織抱怨未獲得滿意的企業文化進展時，我並不會感到意外，因為他們錯誤地踏上了孤立無援的企業文化改造旅程。

假如你旗下擁有五十到一百名員工，那麼應該能使多數職員投入企業文化變革過程，並從他們獲取回饋。然而，這在較大型的組織中不易實現。而若是一個擁有一兩千人的組織，甚至不可能辦到。當我說領導者的投入應該達到更深的層次，並不是指我們必須和每個員工單獨面談，畢竟這麼做勢必曠日廢時。而且，每個組織可能都會有少數幾個員工，不在形塑未來企業文化的過程裡擁有發言權。

有些員工只在乎能否領到薪資，而且僅單調地做著不致引起管理者留意的分內工作。不過，領導者和人資經理不可主動抹殺他們的價值，仍應對他們投以關懷，或日漸給予他們發展的機會，只是無須要求他們為塑造組織的將來做出貢獻。

協作、多元方法

在伊利諾州SGWS選擇「今天就一起變得更好」作為企業文化目的宣言後，其資深領導者開始向各團隊和各部門傳達聲明。此時，他們已經做好了進展到下一個步驟的準備。這涉及一個協作的、攸關人心向背的多元方法，我們須藉此驅使員工積極投入和養成關鍵的日常行為，以助益組織具體落實各項價值。

這個協作、多元的方法是由以下四個層面構成：

一、**辨識：**發掘和識別現有文化的種種問題。
二、**參與：**公司所有經理人提供回饋和做出貢獻。
三、**轉型：**把種種價值轉化為明確、具體的日常行為。
四、**管理上的發展：**著手召開各式全體經理人會議。

我將概述每個步驟的主要目標和重要性，好幫助你更進一步了解這四個步驟。

步驟一、辨識：發掘和識別現有文化的種種問題。

要改變包括企業文化在內的任何事情，首先必須精確地掌握事物的現實狀況。雖然這聽起來很簡單，但實則不然。這麼說是因為多數領導者都迫不及待，想要立刻啟動全速衝刺的轉變。然而，我們的優先要務是辨識現行文化的各個負面壓力點，以及確認各項重大問題的範圍。在伊利諾州SGWS，我們是從資深領導團隊著手。雖然我們曾在敲定企業文化目的宣言時，簡要地討論過各項問題的範圍，但此時的目標是更深入探索問題，並找出根本成因。

在我和資深領導者持續探究問題根源的同時，我們也讓經理人加入討論。我們不僅期望他們做出貢獻，還直接聽取他們對於組織最大問題和最艱鉅挑戰的看法，並且鼓勵他們要求直轄部屬比照辦理。他們在後續的幾次會議回報了結果，並且匿名分享團隊和直轄部屬提報的內容。

步驟二、參與：公司所有經理人提供回饋和做出貢獻。

在發現先前的會議未提及的多個問題領域之後，以及年度員工投入度調查完成之前，我們應當採行的步驟是，讓公司所有經理人參與制定計畫。雖說所有人資經理都投入了識別和檢視關鍵問題領域的過程，但我期望和他們一同融入更親近的情境中。於是我與各部門經理人，於資深高階主管不在場的情況下，召開了數次會議。我們的宗旨是讓經理人，能夠自在地分享他們的心聲，不致因為直屬上司而感到害怕。

我促成了各部門經理人集思廣益，讓他們親口分享關於公司獨一無二特質的見解，也讓他們就領導團隊數月來研議的問題發表看法。聆聽他們的觀點很重要，這在鼓勵他們協作和暢所欲言的過程中不可或缺。促進每位經理人積極投入，將可確保他們在變革上發揮重大作用。

步驟三、轉型：把種種價值轉化為明確、具體的日常行為。

在各部門經理人召開一系列會議之後，接下來的步驟是專注於把各項價值轉化成具體且一以貫之的組織行為。即使SGWS公司已有稱為家庭價值的激勵人心的價值體系，但這套價值並沒有轉化成組織的日常行為。

我們在數個月期間，彙集並分析了各部門經理人每次會議獲得的回饋和提報。我們不但意圖開創具體實踐價值的組織行為，更期望這些日常行為能夠強化組織的體質、提振公司的業務、增進商業執行力。這個步驟事關重大，因為企業打造文化的過程常會在這個部分迷失方向。在這個棘手的步驟中，我們必須不斷召開各式會議、理應常保耐心，更要秉持第一優先的原則奮勇前進。我們從資深領導團隊著手，分析了該企業當前所處位置、未來何去何從，還研議如何使各項價值體現於種種組織行為，並且探索了市場致勝之道。

在完成這個初步研析之後，每位經理人都針對各項價值和相應的行為給出回饋意見。資深領導者與經理人接著分成數個小組，進一步商討各自小組負責的各項價值實踐之道。每個小組都被要求從整體觀點來聚焦檢視組織日常行為，更要超越部門或特定角色的格局往大處著想。我們最終從公司全體經理人收集到逾二百頁的洞見、構想和建言。資深領導者也反覆與經理人討論，逐步地從眾多回饋之中去蕪存菁。

步驟四、管理上的發展：著手召開各式全體經理人會議。

著眼於成功驅動企業文化變革，第一線經理人必定要有強烈的意願、接受必要的訓練和發展相關能力。資深領導者也須在形塑企業文化和設定企業文化基調上扮演要角。無論如何，第一線經理人對企業文化變革的適應和執行更是事關重大。因此，不只要在企業文化再造之旅的初期，讓第一線經理人積極投入，還要一路強調和增進他們相關能力的發展。

在伊利諾州SGWS公司，全體人資經理最初的每季會議，很快就演變成為企業文化改造過程的一個環節。我們每月召集會議來討論各式行動、可交付的成果，以及所有領導者與經理人必須做的事情。

對於這些會議，我們設定了兩個策略方針：

一、我們不僅要知會、教育和教練經理人，使他們領略企業文化的重要性，還要校正他們關於企業文化的錯誤想法，同時也要讓他們專注於成功推行企業文化變革的方法。各項會議的主旨在於，共享企業文化目的宣言的現實生活範例，使眾人易於了解和共同研討各項與公司實際狀況相關的個案，並讓大家對投入企業文化變革過程感到興味盎然。

二、我們期勉伊利諾州SGWS公司的管理團隊，努力成為更緊密連結的團隊。在每次會議上，我們都進行凝聚團隊向心力的練習，使數百名與會經理人更深入地了解彼此的心靈和思想。這能催生無比強大的力量。當團隊成員們相互分享各自的人生故事，會議室中每個人莫不深受感動。經理人們從日常互動的夥伴們發現了前所未知的資訊。這就是心靈與思想連結以及協作方法的力量所在。此案例也可說明，企業員工彼此之間如何循序漸進地產生心理安全感。

當以上行動規律地發生時，企業文化目的宣言仍持續傳達到每個角落。領導者和經理人務必要在一切作為中發揮「今天就一起變得更好」的精神，而且要引導其他成員，殷切期待即將來臨的變化。此外，我們應聚焦在分享正發生的事情背後的「成因」。倘若組織從未對成員溝通變革發生的原因，闡明為何員工理應參與其中、何以他們的投入至關重要，那麼組織將在諸多方面遭逢棘手的難題。此種層次的溝通和協作能激發員工，使其實質感受到這是集體共同創造的過程，並且明白他們並非只是被人由上而下地領導著。

當資深領導者開始調整他們的行動和溝通方式，變革將擴及整個企業的其他部門、經理人和員工，並使他們具有心理安全感，不致懼怕動輒得咎。結果，每個人的心靈和思想都將益加開放，公司將能從而建立強效的員工共事方法。

伊利諾州SGWS公司整個銷售部門的領導者麥克·豪西，一直在組織文化演進的每個層面上密切地與其他領導人合作。某天會談時，我問他前述四個步驟和他們先前的嘗試有什麼重大差異。

麥克回答說，「從一開始，這四個步驟就是全然改變遊戲規則的流程。它的獨到之處是，每位經理人在打造企業文化的過程各自留下個人印記，而不只是資深領導團隊做出了貢獻，所以這是變革領導。我始終受到公司家庭價值體系及意義的啟發，而能夠萃取這些價值的精華融入組織行為之中，真是妙不可言。」

我微笑著說道，「協作能夠帶來改變。領導者同心協力是不同凡響的事情。我記得亞里斯多德（Aristotle）說過，『整體勝於局部總和。』」我在早年的美式足球員生涯裡，便已從霍教練提出的「今天就變得更好」見證過這個道理。然後，伊利諾州SGWS公司採納了它，並且將擴展為「今天就一起變得更好」。

毫無疑問，伊利諾州SGWS的領袖泰瑞．布里克，在闡釋一切文化作為的「原因」上成效斐然。短短幾個月之間，我們見到微小的改變日積月累、最終發展成為組織的日常實踐。儘管伊利諾州SGWS公司原本就是高績效組織，他們依然鉅細靡遺且始終如一地，致力於發展領導力和文化，從而帶來了無與倫比的體驗。

資深領導團隊持續定期召開會議、激勵每個成員當責不讓，並使大家時時敞開胸懷相互對話，檢討哪些工作進展順遂、什麼事情必須有所改變，以及思考如何在接下來的步驟裡，維繫清晰的思路和貢獻的熱忱。

增進企業文化的意義與影響力

建構世界一流文化不能操之過急。這不能只是一年辦一次高階主管外出靜思會，更不可採行嚴格的由上而下的方法、想要在短期內畢其功於一役。即使我們建立了一組核心價值、把寫進標語布條或手冊之中到處宣傳，並且不斷弘揚各項價值，也依然做得不夠全面。這些做法或許能短暫地獲致些許成果，然而光喊口號而無實際行動終究還是行不通。

協作方法的益處無可匹敵。企業文化變革之旅始終會遭受許多挑戰，而一心一意投入協作將能推升文化的意義和影響力。具有參與熱忱的資深領導團隊與全體人資經理同心協力，將可開創徹底令人耳目一新的局面，並且為變革帶來亟需的能量。

這個方法能夠產生重大影響，因為第一線和中階經理人不僅有時比資深領導者，更了解組織文化面臨的各項考驗，也跟資深領導團隊在創造與發展組織文化上的作為有關。協作法有助於促進更深刻的意義，而且非常重要，因為倘若管理階層不能協調一致、共同全力以赴，將永難促成大規模變革。

此過程中另一個常被嚴重忽視的層面是，如何凝聚各行其是的各個單位，以及形塑更緊密連結、體質更健全的管理團隊。在初期階段，變革會遭遇一些抗拒。你理應預料到組織革新絕難全面獲得每個人的認同。不過，只要持之以恆且按部就班行事，隨著歲月推移，組織內部將團結一致。只要資深領導者與人資經理習於急所當急、始終著重關鍵要務，將能促進公司的影響力與日俱增。

不論你當前的變革之旅推進到什麼位置，採行更講求協作的方法將能產生極大的效益，而且成效將遠超越為卓越文化奠立根基。

領導者的四大行動方案

以下的行動方案有助於你啟動變革旅程。你可以無拘無束地，依據各項需求和當前的處境來採行這個行動計畫。

一、發掘和辨識現有企業文化的問題範圍：

- 檢視組織當前的系統、流程和結構。釐清哪些可以正常運作？什麼需要一些微調？組織是否有任何系統、流程或結構對企業文化、績效和整體影響力造成負面的衝擊？
- 分析和研究先前的員工投入度調查分數。辨認而且要持續關注優先的成長空間，還要詳細研析組織至今做到了什麼。是否行之有效？能不能做得更具成效？
- 資深領導者和所有人資經理著手詢問部屬與團隊，他們對於現行文化的哪些部分感到樂在其中？如果他們是領導者的話，想要修改或增進文化的哪些層面？他們認為什麼樣的改變能夠使公司發揮最大的影響力？

■ 鼓勵所有人資經理從部屬收集各式想法與洞見，以了解組織理當推行哪些變革。
■ 思考組織文化未來應有的理想狀態。

二、促使全體人資經理積極投入：

■ 資深領導者應安排各項會議，並且努力吸引全體人資經理踴躍參與。而取決於組織的規模，很可能須依據不同部門或是功能區別來進行分組討論。而較小型的公司或許無須分組。
■ 向所有經理人布達這些會議的重要性，並重申他們在建構優質企業文化的過程中扮演舉足輕重的角色。
■ 從經理人蒐集種種回饋和洞見，從而了解他們對自家企業的看法，以及他們關於公司獨到長處的見解。
■ 辨識出打造頂尖職場和卓越企業文化所需的關鍵心態與行為轉變。
■ 確認企業文化焦慮的根源和必須留意的各種文化障礙。

三、把各項價值轉化成明確而具體的日常行為：

■ 要切切實實闡明，空有價值而不予落實，跟沒有價值一樣。還要提醒大家，只靠價值無法策進文化，因為文化是由日復一日、反覆不斷的大規模行為構成和決定。
■ 資深領導者與所有人資經理必須評估組織實踐各項價值的成果。
■ 花一些時間確認現存價值體系能否激勵和賦予全體員工能量？評估是否有必要著手

推行這方面的變革？

■ 員工是否確切知道組織在每項價值上，對他們日常的具體行為有什麼期許？

■ 在現在商業與市場環境中，哪些行為是致勝和調適種種快速變動條件的關鍵要素？

■ 資深領導者與人資經理應該協作、共同確認每項價值的相應日常行為。還要確保這些在整個組織裡與價值息息相關的行為，符合簡明扼要的原則而且能夠被人理解。

四、著手召開全體經理人會議：

■ 依據現行的訓練和集會日程表，著手召開全體經理人季度或月度會議。

■ 以這些會議為契機，來推動資深領導者和人資經理間更深度的連結，並且促成他們彼此之間建立互信。

■ 進行可凝聚團隊向心力的各式練習，相互分享最佳的實踐方法，以及讓參與者討論眼前的形形色色挑戰，和交流關於當下的商業與企業文化旅程的各種洞見。

■ 投注適度的時間教練和宣講企業文化的重要性。共享最佳實踐範例和卓有成效的訣竅以助益文化的打造和傳播、策勵協作與增進文化期許。還要養成習慣，時時談論企業文化和打破各自為政的格局。

■ 請了解這些會議的目的在於——形塑更緊密連結和同心協力的管理團隊，同時還要促成團隊共同開創新企業文化。

第8章

企業文化實踐戰術手冊

企業文化不會因為我們渴望改造它，就產生轉變。唯有當組織完成轉型，企業文化變革才能相應發生；企業文化將反映日常共事的人們的真實情況。

——法蘭西絲·賀賽蘋（Frances Hasselbein），美國女童軍組織（Girl Scouts of the USA）前執行長

「你好，麥特。感謝你今天的演說。能為我簽名嗎？」一位大約三十多歲或四十歲出頭的女士問道。她有一頭披肩的棕色秀髮，身上穿著休閒風的上衣和褲裝。從外表看來，是一位奮發上進的專業人士，然而她卻滿臉愁容，似乎為了什麼事情苦惱不已。

「當然，我很樂意為妳簽書。我的演說令妳感到滿意嗎？」我展露燦爛的笑容說道，並且期望她引述我的演說重點精華。

她把長髮甩到背後，勉強擠出笑容回說，「嗯……啊……的確。」然而，她依然眉頭深鎖，使我懷疑有什麼事情不對勁。會不會是我的演講沒有達到預期的效果啊。

我握著筆，在桌上高疊的我的著作《事業與人生克敵制勝之道》（暫譯，二〇一六年出版）後面坐立難安。

我已於這處大會議廳的長桌後足足站了二十分鐘，一直和前來聆聽主題演講的人們打招呼，聽眾當中有幾位是《財星》五百大領袖榜上風雲人物。我的演說主要聚焦於闡述，體育教練和商界領導人在打造文化上如何殊途同歸，以及說明採行美式足球教練運用的那種戰術手冊，將能如何幫助企業領導者超群絕倫。

「嗯……那麼，我的演說不討妳喜歡嗎？」我若無其事地問那位女士說。我必須知道我的演講內容是否冒犯了她，或是沒說到要點。而且我也想讓彼此的對話輕鬆一些。

「不，不是的，不是這樣，」她回答說，接著遞來書。

我在內心深深嘆了口氣，並且告訴自己，我們永難領會人們正面臨著什麼樣的事情，而且問題不會始終出自我們。

「好的，那麼我該題獻給誰？」我問說，並且決定不再提及我的演說。

「安琪拉。」

「沒問題，安琪拉。妳在哪家公司高就？」我一邊問一邊把書翻到扉頁。

「我剛獲得任職的公用事業公司晉升為執行副總裁，而且對我來說，你的演說切中要害。」

「恭喜妳！」受到她鼓勵後，我說道，「希望妳今天學到了有助於新職位的實用知識。」

「你的演講真的很精彩。我深受感動。但是說實話，我對自己當前的職務毫無頭緒。原定接任執行副總裁的人突因心臟病發過世，我是下一個順位的執行副總人選，但我覺得自己不夠格，也沒做好相關準備，因此十分擔心。而當你提到體育教練詳盡的戰術手冊和企業文化變革的方方面面時，我懷疑自己會不會在新職位上迷失方向，甚至於慘遭滅頂。我欠缺戰術手冊，更不用說連一頁打造企業文化的方法指南也沒有，也不知道自己該怎麼辦。而公司同樣不知所措。我的意思是，我對運動和商業都具有熱忱……然而……」

我告訴她，「我確信妳的準備比自己意識到的更加周全，而且妳必定具備卓絕的潛能，不然不可能獲得公司信任和提拔。」

她聳了聳肩膀。我彎身寫下祝她好運、事事順心，然後簽上我的名字。我看著她捧著書走向出口，然後很快地離開了我的視線範圍。

像安琪拉這樣深感困惑者不乏其人。世上有許多領導者相信有必要或是渴求策進組織文化，然而當中多數人對於「何謂提升企業文化？」疑惑不解，或者想知道「究竟如何實行企業文化變革？」

根據我多年來協助各組織再造企業文化的工作經驗，在推動變革上，運用所有領導者熟悉的具體專業術語和書面程序，將可產生極大的助益。我一向引用美式足球的專業術語「戰術手冊」來闡述如何貫徹組織文化變革。不論你對美式足球知之甚稔，或者稱不上球迷，企業文化戰術手冊都能讓你受用無窮。即使你不打算全面改造公司文化，仍然需要出色的戰術手冊來勾勒出策畫、執行和獲致成果的最佳方法。我將於本章稍後的段落進一步討論這個課題。

想像一下這個可能發生的事件

某個組織擇定了一套新的核心價值。每位領導者這套新價值有各自的詮釋版本，並且自認他們的看法恰到好處。資深領導團隊和各部門會談以了解個別的想法，並著手評估員工對新核心價值的觀感。

組織內部廣泛商議即將推行的企業文化變革。雖然不斷面臨各種壓力，但終究下了定論。這個過程令人焦慮不安，但同時也給領導者帶來振奮人心的體驗。

最後，嘔心瀝血的領導階層向成員傳遞新文化的時機宣告成熟。領導團隊引以為傲且躍躍欲試，然而也如坐針氈，不斷在腦海裡推演著各種可能的結果。

管理團隊亟欲加速整個進程，並且努力傳播新文化。他們相信，最艱難的工作已經完成，此刻當務之急在於分享領導者群策群力的成果，然後再來解決其他的事情。

長久等待的日子終於來臨。領導團隊向其他成員揭曉新企業文化。公司執行長發表長篇大論的新企業文化演說，卻遠未能真正彰顯新文化和啟發人心。在接下來幾週期間，近萬名員工每人都收到五十頁的 PowerPoint 簡報，以及領導團隊詳盡闡釋企業文化變革的電子郵件。公司總部到處貼滿了新海報，並在各處牆面漆上種種激勵人心的品牌主張。

然而，並沒有任何核心的溝通策略已經準備就緒，這導致領導者和經理人傳達的訊息格格不入。此外，有些領導人認為有必要且自信能夠自在地談論企業文化，而其他領導者的態度則有天壤之別。

在最初的階段，組織裡對企業文化變革充滿豐沛的活力，而且日趨殷切期盼更光明宏大的未來。然而，情況很快急轉直下，隨著韶光飛逝，公司遇上的各式挑戰和種種要求與日俱增。一年以後，公司在市場遭逢新的競爭對手，不過當時還沒面臨實質威脅。無論如何，這個競爭對手日前與一家市值千億美元、勇於創新的科技公司合併了，可以確定將在近期內有一番作為。此外，這個面臨強勢競爭的組織同時發生了一些內部與外部變化，以至於整體士氣江河日下。

該公司對新企業文化的熱情和興奮感逐漸消退，並且似乎在一轉瞬間失去了所有的企業變革動能。即使其多數領導者認為，啟動文化再造的計畫已經到位，然而事實上他們並沒有具體的施行方案。

在推動新企業文化之前，他們確實提出了一套新的核心價值，也製作了一組 PowerPoint 簡報，還召開過一系列會議。然而，他們誤以為，只要把相關結果與整個組織分享，一切就會水到渠成。

問題在於，執行長的演說未能啟發全體員工共同開創新企業文化，公司無法擬具實踐和策勵企業文化的相關計畫，以致成果根本微不足道。

該企業揭示新企業文化第一天有些正向結果，但也只是出於許多資深員工對企業文化變革滿懷憧憬。以上假想情況最讓人遺憾之處，並非新企業文化的啟動與施行失利，而是前面和後續的階段都浪費掉無數時間和精力。

當你力圖提升或改造組織文化時，也可能走上相同的道路，而且已有眾多領導者與經理人有過挫敗經驗。在企業文化變革初期階段，企業通常會投注大量時間和精力，他們可能迅速獲得動能，以致誤以為企業文化變革旗開得勝。

然而，隨著時光流逝、商務步調日漸加快，企業推進新文化的動力和它激發的興奮感終將消磨殆盡，而且將如同企業文化變革初期潛在需求和能量的湧現那般迅速。

這時組織難免擱下打造卓越企業文化這個優先要務，然後轉而專注於其他事情。在年終檢討會上，領導團隊成員將相互安慰說，「至少我們盡力了。」

在過去兩年我與一家大型汽車公司的合作過程中，就曾經發生過類似的情況。這家企業於先前六年期間推行過多次組織改造。他們因管理效能不彰而流失了許多頂尖人才。此外，該公司才完成數位轉型，汰換了已施行二十年的根基穩固的員工作業流程和系統。

我在數年前於佛羅里達州奧蘭多市的大型會議上，遇見時任這家企業營運長的傑森，雖然我們時常聯絡對方，但始終沒遇到適當的合作時機。而當該公司推行數位轉型之後，快速的變化開始耗掉大量資源，並且箝制了這家企業的走向，以致領導團隊難以主導變革方向。

於是傑森找我洽談，並和我敲定了赴總部與管理團隊會談的訪程。

在一個晴朗的週四早晨，我來到董事會會議室。那天早上會議室裡每位領導者臉上的絕望表情令我終生難忘。有些人隨意翻閱著眼前一疊文件，有些人則呵欠連連。開會時間訂得很早，當時員工甚至都還沒到班。

會議開始時，每個人都倒了一杯咖啡，然後彼此噓寒問暖。

我在傑森身旁坐下，我們悄聲聊了一下天氣，以及我搭機的航程。

當大家都坐定之後，傑森說道，「各位早安，感謝大家一大早就趕來開會。我要向各位介紹麥特．梅貝里，他是領導力與文化顧問，將幫助我們提出變革戰術手冊實作上的一些構想。」

我向眾人點頭致意，並且面帶微笑說道，「早安，能夠來到這裡開會，我覺得很開心。」

「大家做一下簡短的自我介紹吧？」傑森建議說。

接著，與會者輪流簡單地報上姓名以及在公司的職位。

「我名叫馬克，是負責營運的資深副總裁，我不認為分享更多個人資訊有多大的價值。我真正想說的是，我多麼熱愛這家企業。我已在這裡服務二十一年，如果有辦法的話，我願把自己還能工作的歲月全都奉獻給公司。早上九點湧進公司各處入口的大批員工總是使我士氣高昂。我熱愛且敬重公司並欽佩這些員工，更深感他們值得享有更好的生活。即使在公司剛經歷的內部轉型發生前，我們就已經把企業文化視為最高優先要務，然而我們推行變革的一切努力都失敗告終。」馬克停下來喝了一口咖啡，然後繼續說道，「我覺得，每回到了實施新企業文化以及把變革推廣到全公司的時刻，我們先前一路走來做好的一切事情，似乎就會變得格格不入。」

我過去已見證過諸多類似的事情。不少公司採用了宏大的構想、浩浩蕩蕩地推行企業文化再造計畫。然後隨著光陰流逝，一切努力都有始無終，只因這些企業欠缺戰術手冊來全面啟動、深植和逐層傳遞文化。

常見的痛點

我常見到企業像那家汽車公司一樣，在啟動和落實企業文化變革上產生挫折感。我也見過某些企業從一開始就幾乎諸事順遂。他們不但致力於實現組織變革，還努力為員工改善職場環境。他們傾注時間處理這些優先要務，並且切實保障企業變革所需的一切條件到位。他們甚至讓多組員工參與其中，以確保員工的意見能夠傳達到所有層級。

然而，當啟動和施行新企業文化的時機終於來臨時，變革的動力和整體影響力卻大幅度弱化。儘管有一些早期的成果，然而隨著時光飛逝，終究難以為繼。

這是出於什麼原因呢？

既然整個領導團隊和所有員工都認為公司必須推動革新，怎麼會發生上述的狀況呢？他們投注了無數時間籌畫未來，並且堅決地力圖把轉型貫徹到底，為何還是鎩羽而歸？

可能的肇因不勝枚舉，而且不同的企業各自的成因可能大相逕庭。

請你將此事銘記在心，然後讓我們一起來檢視企業文化實踐上一些常見的痛點。在公司落實和逐層傳遞企業文化的過程中，這些痛點往往會框限變革的影響力。

實踐企業文化六大痛點

一、**準備和規畫不夠周全：**耗費了大量時間思考如何提升或變革企業文化，然而卻沒有投注相應的時間來製作戰術手冊、擬具堅定不移的施行與逐層傳遞企業文化的程序，以助益企業文化變革深植人心。這種缺失會導致種種努力毫無條理而雜亂無章。即使組織只是追求改善現有企業文化的特定層面，而非推行全面轉型，依然需要戰術手冊。我們的手冊須同時注重新企業文化傳播計畫、新企業文化推出前的醞釀期，還有公司企求的初期成果。要促成企業文化達到至善境界，一開始就須堅決地致力於籌備和規畫。

二、**缺乏理解和共鳴：**不能領略企業文化的領導者很難使企業文化與組織產生關聯性，也將無法讓所有員工確切明白，其在企業文化革新過程各自能夠扮演的角色。如果資深領導者贊同企業文化變革，但對於公司應建立什麼樣的新企業文化沒有明確想法，豈能卓有成效地向團隊成員和整個組織傳達新企業文化？這顯然是不可能的事情。根據蓋洛普民調，只有二七%的美國員工相信公司的價值體系。❶員工們必須對企業文化和公司推動轉型的原因有深入的了解。他們的領會愈透徹，就愈能對企業文化產生共鳴。

三、**對於老派心態和行為的認知失實：**與大規模的企業文化變革相比，每週開會傳達領導者亟欲組織全體成員採取的新程序和新行為，是單純許多的事情。要改變他人的心態或行為，我們必須做的遠超越提供動機。為了將組織推往截然不同的方向，所有成員須對舊有的工作方式具備充分知識，且應全然意識到老方法在未來不再行得通的原因。分享修正過的核心價值清單以及傳達新企業文化的願景和方向，並不會產生太大的成效。人們理應了解自己正在揚棄什麼，以及在個人和專業層面，新工作方法能夠如何帶來助益。

四、**企業文化傳播策略不夠完備：**假如你藉由傳達其他一切事物的方式來傳播企業文化，那麼你只能打造出平庸的企業文化。我見過領導者召集全公司近萬名員工開了一場大會，並且自信這足以帶動眾所企盼的企業文化轉型。不論你是否相信，有些領導人認為，寄送一系列電子郵件給公司全體員工，就能使其企業的文化變革深植人心。

五、**欠缺共同的行為轉變：**正如我先前所言，光靠一套新價值體系無以創造和建構新企業文化。如果我們只是偶爾落實價值的話，在打造和維護企業文化上將毫無建樹。把價值轉化成具體的行為，只是打完上半場戰役。這固然是通往正確方向的一個步驟，然而接下來我們還要分享、使這些體現價值的行為廣泛散播到組織每個角落，而且須簡明扼要地闡述種種相關的期許。光是談論如何轉變組織行為是不夠的，更重要的是讓領導者和人資經理運用視覺化的呈現方式，來教練員工學習那些落實公司新價值的行為。你的企業理當就所需的各式關鍵改變擬具戰術手冊，據以將企業文化轉化為實際行動，並把種種價值轉變成贏家行為，就如同體育團隊需要具體的戰術手冊來克敵制勝。

六、未能強調正面的範例：對於任何沒有商榷餘地的變革計畫來說，假如沒能強調和分享初期的成果，將不利於累積動能。要求大批員工改變現行工作方法的眾多層面，可能令人感到精疲力竭和心灰意冷。人們對於變革會有所保留，你將遇上許多不確定的事情，甚至會遭逢某些強烈抗拒變革的行為。我們理應對其他成員強調和分享初期的成果與範例，這有助於為共同的將來定下堅固的基礎。當你凸顯各種正向的範例時，至關緊要的是，同時也要批評和教練那些沒能立下好榜樣的人。

運用戰術手冊促進大規模轉型

當我身為印第安納大學以及芝加哥熊隊（Chicago Bears）美式足球隊員時，總是在訓練營開始前拿到一本詳盡的戰術手冊。超過一百頁的手冊通常用厚重的活頁夾裝訂起來，內容詳列球隊的基本準則和指導方針，可以說是美式足球聖經。它們包羅萬象，從活靈活現的攻勢或守勢描述、鉅細靡遺的統計資料、團隊目標和目的，到球隊文化指南，不一而足。我們始終隨身攜帶戰術手冊。

比賽戰術手冊不只是教練設計的戰術相關圖解，它更講述球隊如何運用「團結一致」的策略發展出致勝的計畫。

請記得，在啟動與落實企業文化再造的過程中，我們身為領導者必須備妥自己的戰術手冊。當我們認清了促進和實踐企業文化常見的形形色色挑戰之後，接下來是時候專注於全力推動大規模的轉型。

在企業文化變革初期階段，啟動新企業文化以及向其他成員引進新企業文化是關鍵要務，因為若新企業文化從一開始就沒能獲得認同、取得發展所需動力，那麼往後要受到歡迎和累積動能將會難如登天。

在我和伊利諾州 SGWS 公司辛勤合作近一年半之後，該公司的新企業文化終於蓄勢待發。在這個向全體成員引進新企業文化的獨特時間點，我們看見截至此時已經促成的進展。傳播「今天就一起變得更好」這個企業文化目的宣言，以及觀察團隊成員如何透過不同方法彼此溝通，帶給我們非比尋常的體驗。

變革不會在一夕之間發生。改變有賴於勤下功夫，而且最初總是會遇上氣勢洶洶的反對勢力，因此變化始終都是循序漸進地紮穩根基。最終，其他部門的領導者將見到勤奮努力的成果帶來的希望之光。一旦獲得了激勵，我們將深切盼望能夠促進組織文化更上層樓。

世界始終持續不斷地演進，我們因而總是能提升到更高的層次。我們在推動和傳遞企業文化上竭心盡力，但尚未達到企業文化變革過程的終點。對成員分享並且把新文化傳播下去之後，我們可能不禁相信，已經不須再如此努力、可以放鬆一下了。此時至關緊要的是，提醒自己在增進組織文化上，仍有許多工作必須完成。事實總是如此。

若要在落實和驅動大規模企業文化變革上得心應手，你應該讓整個組織當頭棒喝。簡而言之，你必須傳遞扣人心弦、激勵士氣的訊息，好為整個組織帶來一波接一波的衝擊。我們理應活力十足且熱情洋溢地傳達這樣的訊息。而且我們要有明確的目標，更要一以貫之、堅持不懈，使大家能夠展望公司的未來願景。我們也需要多元的傳播管道，以利企業文化在組織內逐層傳遞。這或許顯得要求太高或是過於野心勃勃，然而變革企業文化絕非反掌折枝的易事。為了避免像眾多企業那樣於企業文化實踐初期遭逢挫敗，我們必須另闢蹊徑，而且要比其他公司更加堅定不移和專心致志。

企業文化實踐戰術手冊

接著來分項細看一下我們為伊利諾州SGWS公司製作的文化實踐戰術手冊。我們也將聚焦於先前提過的一些痛點。

一號作戰：推動協調一致性

我與伊利諾州SGWS領導團隊合作無間，而在進行任何事情之前，我們先行確認公司所有領導者和經理人形成了一致的共識。我們利用每一次會議來總結先前獲得的回饋意見、評量我們渴望產生的影響，以及希望對整個組織傳達的所有訊息。

這些會議有舉足輕重的作用，因為縱使已經廣泛討論過如何啟動新文化，仍須確定所有人都能領略關鍵的優先要務。如果領導團隊的認知和關切的事物未能全然協調一致，我們將永難發揮所企求的企業文化影響力。

我們的規畫和籌備會議溝通良好而且合作上一帆風順。我們絲毫沒有浪費時間。也沒有白費力氣。我們的目標在於，從所有階層的經理人獲取訊息，以了解他們認為怎麼做可帶來最大企業文化衝擊。在我和資深領導者與經理人開過幾次會，並且彼此達到協調一致之後，我們敲定了正式的日期，讓泰瑞．布里克向整個組織揭示新企業文化。

二號作戰：行為宣言

行為宣言包含了相應於各企業文化支柱的簡明扼要的行為陳述。這些是由上個章節提到的協作會議所決定的七種行為組成。行為宣言是一頁的主文件，它將被參考、分享並整合進之後的一切的事物之中。它將提醒我們，哪些行為有助於具體落實「今天就一起變得更好」這個企業文化目的聲明。它們也是支撐和實現SGWS家庭價值體系的行為規範。

即使行為宣言看來似乎只是一份文件，它最終將全面改變遊戲規則。我曾在前面章節多次重申，一份文件不可能神奇地創造奇蹟、促成文化轉型。不論如何，行為宣言將為贏家文化所需的日常行為與心態提供清晰思路。至關重要的是「說到做到」，不過我們也要認清，將價值轉化為持之以恆的日常行為，只是邁向正確道路的一個步驟。

三號作戰：企業文化傳播策略

儘管單是傳遞企業文化並不足夠，然而在任何變革提案發展成縝密的計畫前的初期階段，這是不可或缺的事情。假如不能以啟發靈感、令人神魂顛倒、足以贏得人心的方法來傳播企業文化，推進企業文化革新的工作將難上加難。這並不意味領導者應該改變人格特質，或是時常轉換溝通風格，而是指我們不能僅是簡單地製作一組 PowerPoint 簡報，或是寄送電子郵件來傳達文化，而必須做更多的努力。

在協助伊利諾州 SGWS 創造了行為宣言之後，我們為大部分的企業文化傳播策略定出綱要，主要聚焦於以下重點，它們能為啟動企業文化和實踐上的演說及討論提供指引。

- **現實處境：**伊利諾州 SGWS 當前的現實處境？
- **變革成因：**鉅細靡遺地剖析當前的變革，為何發生、何以如此重要？
- **有何期許：**概述對於將來的種種期許，及將如何對每個人產生影響。

- **尋思意義：**這將如何對整個組織、核心價值和每個人有所幫助？
- **未來願景：**為伊利諾州SGWS確立引人入勝的未來願景。
- **商業影響力：**凸顯商業影響力以及供應商和客戶將如何受益。
- **同心協力：**強調團結一致，並且具體落實「今天就一起變得更好」這個文化目的宣言，從而為社區和彼此帶來改變。

四號作戰：策進新企業文化相關路徑圖

我們為引介新企業文化而創立路徑圖，目的在於概述企業文化啟動旅程每個階段的綱要，好確保我們思路清晰、當責不讓，而且能夠產生極致的影響力。

路徑圖應包含以下三個階段：

第一階段：企業文化傳播

- 泰瑞．布里克將在公司全員會議上介紹「今天就一起變得更好」（GBTT）新文化重點。
- 公司每位副總裁應和他們各自的團隊開會，闡釋GBTT文化與他們的部門日常工作準則的關聯性。
- 所有經理人理當「教練」各自的團隊，使大家領悟GBTT文化的意義，和體會如何將相應的日常行為應用到各自扮演的角色。

- 各部門主管與第一線經理人應和部屬開會，好進一步增益GBTT文化的深層意義。

第二階段：促使文化深植人心

- 分發給每位員工一份GBTT文化行為宣言紙本。
- 啟動一項計畫、表彰欣然接受並且具體落實GBTT文化的員工。
- 日復一日強調行為溝通和心態調整的重要性。
- 領導者與經理人將新方法和最佳實踐方式整合進結構和流程。

第三階段：積極投入

- 領導者和經理人必須能夠辨識與善用團隊關鍵成員。
- 定期舉辦全員企業文化大會及企業文化推廣巡迴活動。
- 員工們相互分享最佳企業文化實踐方式和關鍵提案。
- 持續召開企業文化委員會議並仔細分析企業文化上的迫切要務。

以下仔細解釋每階段做法：

第一階段：企業文化傳播。企業文化引入過程的路徑圖第一階段要點為確保企業文化不只獲得傳遞，更要使企業文化訊息能夠深入組織各處。在一家擁有逾千名員工的企業，建立多元的文化接觸點是至關緊要的事。絕不可只是召開一次公司全員大會，由一位領導者用事先準備好的Power Point簡報，對大家照本宣科。

即使公司員工少於千人，仍應欣然採納各種不同的傳播形式，這可以包括定期召開會議、製作內部通訊、聚集多個不同部門共學。

我們的目標是讓泰瑞．布里克啟動公司引進新企業文化的過程，並闡明新企業文化將如何幫助伊利諾州SGWS具體落實家庭價值體系。在此之後，公司每位副總裁、領導者和人資經理，將和他們的部門及團隊成員，一起討論使企業文化融入特定日常功能的方法。

我們理應留意，這些會議不能只是領導者與團隊成員一起商討企業文化議題，還必須把會議聚焦於雙向溝通，而且在每次會議結束之前，都要給予團隊成員時間，讓他們發表各自的想法，並就所屬部門實行變革的方法提出回饋意見。企業文化傳播階段大約持續六個星期。我們運用了檢查表這一項重要工具來提升傳播效能，它可供領導者與經理人作為企業文化旅程上的一個參考點。以下是一個企業文化傳播檢查表範例：

- 我是否不斷地強調「今天就一起變得更好」的重要意義，以及我們期望達成的文化目的？
- 我有沒有教練團隊和增加、強化行為宣言？
- 我有否闡明企業文化目的、優先要務和對於企業文化的種種期許？
- 我是不是始終如一地與團隊成員建立個人連結，並且闡明他們能夠如何融入大局？

- 我有無傾聽團隊成員關切和建議的事項？當資訊引起我的注意時，我是否採取實際行動？
- 不論我說了什麼，我的具體行動能否反映出自己對其他人的期望？

第二階段：促使文化深植人心。這個階段專注於使 GBTT 企業文化深得人心。我們應發給所有員工每人一份 GBTT 企業文化行為宣言副本，並且每個月公開表揚實踐新企業文化的行為，使其成為員工日常應對供應商或客戶的楷模，甚至用來提供其他成員奧援。

所有領導者與經理人都應彰揚文化模範員工。我們不僅須特別提到他們的名字，更要向大家分享他們足以效法的行為，作為眾人表率。

GBTT 企業行為宣言融入各項內部會議與訓練活動中並且堅不可摧。成員們不停地討論種種行為是否符合宣言精神，以及有無其他不同的做法可以產生更深遠的影響。

談論和傳播組織文化必須持之以恆，而且除非企業文化深植於公司全體員工心中，否則企業文化變革的成果將微不足道。這既是引進新企業文化時務必專心致志的階段，也是一個始終如一的、永無止境的過程。

在促使企業文化深植人心的階段，以下事情沒有討價還價的餘地：

- 不屈不撓地專注於每個核心價值的關聯行為，以及闡釋如何在日常生活中培養出表現出種種核心價值的行為。

- 闡明在做事方法上另闢蹊徑，將同時帶給個人和公司正向的影響。

第三階段：積極投入。這個階段的目標是促成整個組織積極投入。就如同其他階段一樣，這也是一個不斷發展的過程，而且最終將全部整合進長程的、驅動永續發展的策略之中。就促進企業文化變革和大規模轉型來說，這是引進新企業文化階段事關重大的層面。至關重要的是，我們應從不屬於資深領導者與經理人的組織成員裡，找出受人敬重且有潛力的員工，並且促使他們積極投入企業文化再造工作。

在把企業文化訊息傳遞到下一個層級、幫助組織推變革的過程裡，這些員工將扮演舉足輕重的角色。我們鼓勵每位資深領導者和經理人收集各方回饋，好了解如何在日常基礎上給予團隊成員最佳奧援，以及判斷哪些方面運作良好、哪些地方未盡理想。

定期召開會議積極聽取成員的各種看法。掌握員工的意見和體會他們對企業文化變革的感受，是不可或缺的事情。經由這樣的方式，我們可以明白，如何在幫助員工實踐新企業文化上精益求精。當然，會議上表達的想法並非全都能被轉化成行動，但積極聆聽有很大的效用，而且是發現和解決潛在問題的絕佳方法。

秉持急迫感和適應力，勇往直前

伊利諾州SGWS公司啟動並廣泛傳播新企業文化後，組織內部洋溢著對企業文化變革的興奮感與熱忱。企業每位領導人都深感如釋重負，儘管事實上這只是漫無止境的企業文化旅程的開端，接下來依然任重道遠。

他們滿懷熱忱地完成了許多艱辛的工作，才能走到這一步。許多領導者發現這個過程意義非凡，他們對於親眼見證公司在短短幾年間徹底轉變，尤其感到心滿意足。公司的價值不再只是一年裡偶爾被討論幾次而已。為了在一切作為中實現種種價值，他們定義了完善的文化，並且促成了相應的日常行為轉變。

領導團隊努力促進企業文化傳播和體現企業文化的行動，從而循序漸進地擺脫掉舊有的指揮與控制的管理作風。雖然各自為政的單位依然存在，但隨著領導者和經理人有意識地加以抑制，各行其是的現象與日俱減。我們尤其注重擬具思路清晰的計畫與策略，藉以展望未來前進方向。

那麼，**是否一切都如同計畫一般順利呢？**實際上正好相反。在打造新企業文化的過程裡，絕不可能完美無暇。我們將會遇上始料未及的種種障礙，比如說，伊利諾州SGWS啟動和促進新企業文化時，未能料到政府將祭出一些限制措施，更無法預知二〇二〇年會發生新冠肺炎全球大流行疫情。令人欣慰的是，在危機爆發之前，他們已經完成了建立GBTT企業文化的大部分相關工作。然而，在政府規範和疫情等現實狀況影響下，領導團隊必須展現敏捷靈活的領導力和隨機應變的適應力。

由於泰瑞．布里克領導有方，加上其他的領導者與每位經理人都竭心盡力，引進ＧＢＴＴ企業文化的過程得以馬到成功。伊利諾州ＳＧＷＳ所有階層數百位員工更為實踐新企業文化提供了行為楷模。

未能預見的狀況使我們推遲、重新安排引入新企業文化時程。然而，我們對推動企業文化革新矢志不渝，且廣泛致力於發展領導力，因此始終義無反顧、決不退縮。詳盡的再造企業文化戰術手冊確保伊利諾州ＳＧＷＳ的願景永不磨滅，並且激勵他們堅韌不拔地推進各項策略。

我近期對製藥業公司五百名高階主管做了一次領導力演說。這場簡報聚焦於如何在變革中常保領導力，以及打造贏家文化。該公司最高階主管之一傑弗瑞事後私下邀請我一起用餐。

我們享用午餐，在我即將離開餐廳、轉往機場搭機回家時，傑弗瑞問說，「麥特，在領導團隊完成企業文化傳播工作之後，什麼事情將決定我們能否發揮最大影響力？」

我回答說，「秉持急迫感和調適力勇往直前。」

奮勇向前，有助於企業文化變革計畫受到歡迎和產生動力。

因此，當引入新企業文化的時機來臨時，你應該不辭辛勞地頻頻召集會議、傾聽他人的看法、收集各方回饋、殫精竭慮想清楚自己期望傳達的訊息。唯有如此，你方能抱持強烈的急迫感，明快地一往直前。即使擁有詳盡的啟動新企業文化的計畫，仍有可能發生難以逆料的狀況，對持續勇往直前的能力形成考驗。要堅定不移地投入計畫，憑藉因時制宜的適應能力領導眾人，以確保追求至善之境的過程中不論遭逢什麼樣的逆境，你的遠見和韌性始終不屈不撓。

不管你正努力全盤翻轉既有企業文化，或者試圖對特定企業文化層面進行改革，或只是想要提升企業文化，你都需要一部戰術手冊。如果你沒有做好準備就貿然嘗試，或是委託他人代辦，那麼你注定將面臨挫敗。變革新公司文化必定要給員工留下深刻的第一印象。

企業文化實踐手冊八步驟

在實踐文化變革的過程中，你需要完備的戰術手冊來使引進新企業文化有成效。所有組織都將有各自的獨特機遇，藉以竭盡所能地發揮其極致的影響力。對公司所有成員引入新企業文化的階段，是讓大家對企業文化變革感到興高采烈，並為將來打好基礎的絕佳時機。

為了在企業文化啟動階段旗開得勝，我們必須創造企業文化實踐手冊將八步驟付諸實施：

一、**確保管理團隊協調一致**：設計專屬的企業文化實踐手冊之前，應先專注於確保管理團隊協調一致。在啟動和實踐新企業文化的過程裡，資深領導者與所有人資經理將扮演重大的角色，因此理當全面積極投入。不論必須耗用多少時間召開各式會議，務必確認所有人都知曉終極目標，並且明白各自負責的事情和行動的時機。

二、**敲定企業新文化正式啟動日程**：當你與管理團隊達到協調一致之後，接著要確定正式的企業文化啟動期程。倘若可行的話，應當選擇組織每位成員都能參與的日期。對非常龐大的組織來說，可能必須採行一批員工實際到場而其他人觀看實況轉播的雙管齊下方式。假如新企業文化啟動過程會暫時影響到公司日常運作的話，幾乎可以確定所有部門與每個職位的人員都須提供援助。

三、**制定企業文化傳播策略：**確立企業文化傳播策略和意圖向整個組織傳達的最重要訊息，然後在啟動會議上公開宣布。千萬不要忽略了這個部分，而且對此應當集思廣益。徵用資深管理團隊協助草擬文化啟動大會上預定傳達的訊息。至關重要的是，這個訊息必須信而有徵而且情真意切，而不應過度咬文嚼字。當你完成了策略大綱並寫好了演說詞，最好在團隊成員面前預先排練，然後進行必要的修改。推敲一下，如何竭盡所能闡明新企業文化的深層意義以及組織一路走來的歷程？我們也應欣然接受成員的回饋和徵詢各式建議。

四、**使企業文化啟動後能夠深植人心和逐層傳遞的方法：**在資深領導人召開企業文化啟動會議之後，接下來該採取什麼行動使企業文化訊息在整個組織中深植人心和逐層傳遞呢？有鑑於各組織規模不一而足，後續的過程可能將耗時數週或數個月。我們無疑必須隨著時間推移，堅持不懈地傳播新企業文化，而對於啟動新企業文化，我們最好為一切可能發生的事情預先做好準備。每位領導者和經理人不只應當召集團隊會議廣傳企業文化訊息，更應於企業文化啟動會議後短期間內，在一對一會談和績效審核時一再重申企業文化訊息。

五、**創立行為宣言：**關於行為宣言，可使用任何名稱。至關重要的是，這個文件理當簡明扼要，並且要能據以將公司的核心價值轉化為明確的日常行為，以及全面的團隊戰術手冊。要確保它著眼於整個公司，而且可適用於任何角色或職位。此外，經理人要能夠將其連結到公司各個不同部門。

六、**定期盤點企業文化資產：**對整個組織分享和傳播新企業文化之後，便要著手追蹤哪些部分運作良好，哪些地方必須進行微調，然後還要積極聆聽各方回饋意見，並且實行必要的調整。幾乎可以確定，某些行動將遠比其他措施造成更加深層的影響。我們應該找出這些極具衝擊力的行動，並且持之以恆地實行。假如你的戰術手冊在特定層面未能發揮作用，請不要怯於改變方向。要勇於徵詢回饋意見。我們應細心觀察成員的肢體語言。每回召開團隊會議前應該先行對成員進行簡單調查，評量他們的幸福感，和取得他們的回饋。

七、**分享你的計畫：**我們應向成員分享戰術手冊，好讓他們領會未來的期許。如果前方的旅程每個步驟都公開透明，讓人一目了然，員工將會更積極投入，而且將產生實質的同舟共濟的感受。

八、**給明智的第一線經理人的建言：**當推行企業文化變革時，資深領導人與高階主管團隊擁有不容小覷的影響力，因此切莫低估你身為第一線經理人對於變革能起到的作用。畢竟你能夠看見和聽到甚至連最資深領導者都全然不察的一些事情。對於公司開創更健全職場環境和打造更優質企業文化的能力，你和資深領導團隊同樣具有舉足輕重的決定性作用。縱然你不認為自己的角色很重要，你的種種行動絕對事關重大。

第9章

狂熱地追求永續影響力

只要大家上下齊心、相信永續發展事關重大，並且透過種種行為來落實信念，那麼強效的永續型文化便得以存在。

——艾德．夏恩（Edgar Schein），麻省理工學院（MIT）管理學教授

本書關於狂熱的定義與網路上的釋義相去不遠：出於極度的、通常不容置疑的熱忱、虔誠、癡迷或是熱衷之情，鍥而不捨地追求著某種事物。對於身為領導者的你來說，理應懷著滿腔熱情企求的事物即是企業文化。因為企業文化對於組織與領導團隊來說，就如同生命不可或缺的氧氣、食物和當下與未來的夢想。**假如你想要創造可長可久、高績效且欣欣向榮的企業文化，那麼務必要態度狂熱。**

假若具備足夠的決心、有適當的指引和源源不絕的靈感，任何人都能夠著手追求熱情的事物。不論那是重新掌控自己的健康、戒除壞習慣，或是執行組織已推遲多年的新流程，真正的挑戰並不在於如何跨出第一步，而是能否持之以恆、在想要放棄時依然堅持到底，並且日復一日始終如一。

我不是說起步並非難事，而是說，並非跨出了第一步就能夠達到至善之境。假如起了頭就能臻至卓越的話，每個希望打造更優質企業文化、提升員工投入度、贏得更多成就的組織，都會爭先恐後著手去做。

每年年終時，我會選出一個字詞作為來年的主題。它將成為我人生的指路明燈，時時提醒自己對下一年度懷著什麼夢想、目標和抱負。我的生活每個層面都將以這個字詞為中心運轉起來。當人生備極艱辛時，這個字詞將提醒我，什麼事情是要的。它也將在我意志消沉時，點燃我的心火。這是我的好友暨暢銷書作家強・高登為我推薦的一項練習。高登和丹・布里頓（Dan Britton）與吉米・沛吉（Jimmy Page）共同寫作了《改變人生的一個字詞》（暫譯，*One Word*

That Will Change Your Life*）。[1]

這本書聚焦於闡述，選擇一個字詞作為來年生活主題能夠產生的力量。設定目標是至關緊要的事，而當我們經歷逆境、體驗挫敗，尤其是在自覺事情沒有進展時，重新檢視各項目標可能會承受極大的壓力。

而選出一個字詞作為生活的重心所在，可使我們維持清晰的思路，並且幫助我們專注。因此我要和你分享這個特殊的練習，我今年的關鍵字詞是過程。在多數時候，我是個目標導向的人，總是尋求著下一個等待實現的人生標的。我決定選取這個字詞是想強調應更專注於過程而非結果。

我們力圖推動長期企業文化變革並帶來影響，追根究柢須對企業文化之旅的過程，而非旅程的目的地抱持狂熱的心態。在組織的環境裡，一旦確立了願景，堅實的基礎將隨之到位。而組織文化變革的成敗關鍵繫於，能否堅持到底和專注於持續不斷的過程。

創造足以帶來非凡影響、能夠提振商業績效的永續企業文化，需要的是對組織日常落實各項價值的行為產生特殊的癡迷情懷。**我們對企業文化之旅的過程必須常保堅定不移的狂熱心態**。至於公司過去五年有沒有亮眼的績效，或是昔日是否擁有出色的企業文化，則無關緊要。

WD-40公司的執行長暨董事會主席蓋瑞・里吉（Garry Ridge）曾向我分享賴瑞・申恩（Larry Senn）的一句話：「企業文化不是一項提案。但所有的提案都是因為企業文化而化做可能。」這是一句能夠完美呈現本章精髓的話語。

如果你仔細加以推敲，將可發現這句話的更深層意義。領導團隊可能以諸多不同的方式，將公司改造企業文化或全盤變革企業文化視為獨立的提案，而這種認知反映出部分的實情。我在本書若干段落也使用了「提案」來指稱企業文化變革案。

不過，我們不可把企業文化變革全然看成只是另一個提案，畢竟這是具有風險的見解，可能將扼殺我們造就永續企業文化、形成長遠影響的機會。因此，縱然領導團隊把企業文化改造案當作一項提案，只要公司引進了新企業文化，我們理應把它視為事業一切層面的基礎。

我曾詢問蓋瑞，為何許多領導者在開創企業文化、增進組織長遠影響力方面力有未逮。他回答說，「這是因為他們缺乏一以貫之的方法，他們沒能使文化深度融入事業之中，只是把企業文化視為一項獨立的功能。」

這番話的真諦是，領導者於打造企業文化的過程，理當始終如一地保持狂熱心態。

狂熱影響力的準備工作

在探討如何於日常的過程裡滿懷熱忱地實踐企業文化、確保商業上可長可久的影響力之前，我們必須先深思下列事情：

- **狂熱心態深植於基因：**這將決定你在企業文化變革過程成為贏家還是輸家。多數組織及其領導者試圖建立更優質的企業文化，然而他們的努力通常難以善始善終。最後將在一個月，或是一年，或者三年之後遭逢挫敗。我們應時時提醒自己，即使最初將啟動新企業文化視為一項提案，當企業文化成為組織的核心要素之後，我們應該使企業文化如同平時呼吸、睡覺、做事那樣融入日常生活裡，並且必須堅韌不拔地對企業文化建構過程抱持狂熱心態。

- **對過程堅持不懈：**在打造企業文化的每個階段，我們都將遭遇持續不斷的抗拒和挑戰，而且可能禁不起考驗而前功盡棄。切莫成為種種陷阱的受害者。要不計一切代價避免淪為犧牲品。即使我們無法立刻獲得渴求的結果，仍要始終如一地對過程堅持到底，如此情勢終將穩定地逐漸朝有利的方向發展。常保狂熱心態和堅持過程導向的實質益處在於，我們每天都將獲得新的契機來扭轉局面和持續日益精進。
- **狂熱地專注在影響所及領域：**別使自己超出負荷。若試圖一次做成許多事情恐將產生適得其反的結果。我們將在本章分享許多觀念和洞見，不要勉強自己，我們不須使事情變得更加困難。找出你在日常過程裡最能發揮影響力的領域，並且秉持狂熱的心態從那裡著手推行變革。

推動永續企業文化的基礎架構

關於維繫可長可久、影響深遠的企業文化，並沒有萬無一失的方法。過往曾擁有傑出的企業文化並不保證未來將持續保有卓越的企業文化。而即使先前僅具備平庸的企業文化，未來也不一定無法打造出優異的企業文化。就算我們給予企業文化明確的定義、贏得人心、發展出堅實的戰術手冊以及啟動和使企業文化深植人心的路徑圖，也不擔保能在企業文化變革過程戰無不勝。然而，倘若不努力嘗試，我們怎能確認自己會不會成功？

投注時間、做好走到這個時點之前的一切準備工作，是不可或缺的步驟。而且相較於初步作業完成之前，我們確確實實已經做出改變。不管怎樣，當你創立企業文化目的宣言並在組織裡分享和實行新企業文化時，實質的工作才真正開始。

打造卓越企業文化仰賴的不是完美無瑕地執行理想的策略，或是依照計畫來進行一切事情。建構頂尖的企業文化全然繫於創造通盤協調一致的組織，和推動廣泛的行為轉變，同時還要克服企業內部的障礙、管理好組織的能量，以及建立企業文化與商業之間的連結。我們更須堅持不懈地實踐企業文化，且要促使整個企業日復一日地實行體現文化價值的行為。

有效達成這些事項的唯一方法是，在組織的一切作為上，都把企業文化置於核心的地位。也就是把企業文化視為「商業的精神」。要對企業文化抱持狂熱心態。要教練你的組織、團隊和員工，並且要維持暢通無阻的溝通管道。更要堅定不移地要求組織成員養成你渴求的種種行為。還要使這一切成為日常追求的事物，並讓它們與所有著眼於未來的努力相輔相成。

狂熱心態五步驟

正如我先前所提到，接下來是利用動力來推動永續發展。以下列出的狂熱心態五步驟能幫助你滿懷熱情地著手推展永續文化，並使其作為「商業的精神」深植於企業之中。請讓它成為貴公司成功基因的一環。當組織裡每個成員頻繁地運用下列五個步驟時，你們將踏上康莊大道、擁有強效的長期競爭優勢。

一、狂熱且歷久不衰地關注、發展和培育文化。
二、矢志不渝地一以貫之和常保協調一致。
三、癡迷地聚焦於不可或缺的關鍵少數。
四、執著地堅持到底。
五、堅持不懈地提供商業案例。

視組織的當前狀態而定，在加速企業文化進展上，此架構五個步驟當中某一項，可能比其他步驟更具關鍵性作用。這五步驟也都將在長期的企業文化實踐上扮演重要角色（參見圖9.1）。當

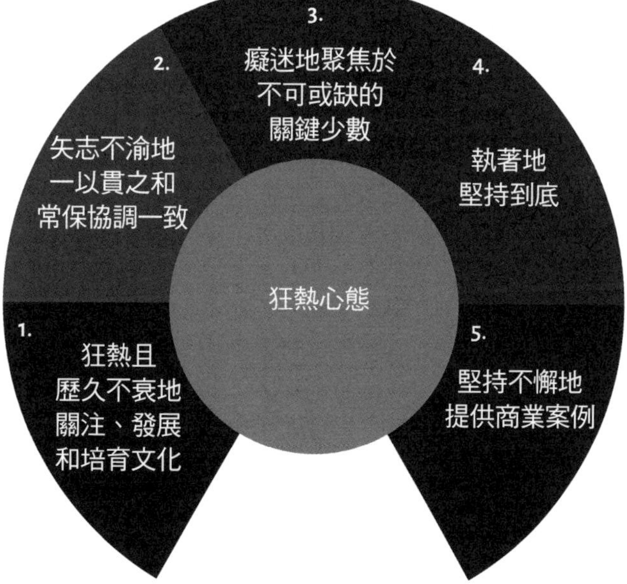

圖 9.1：追求永續企業文化的狂熱心態五步驟

這五個構成要項合而為一時，企業文化的永續影響將極大化並且廣泛遍及整個組織。

讓我們進一步探討這個架構的每個步驟。

步驟一：狂熱且歷久不衰地關注、發展和培育企業文化。

打造企業文化不是一蹴可幾的事情。我們必須狂熱且堅定不移地關注、發展和培育企業文化，以促成組織轉型，並且形塑出我們期待的企業文化。我們理當持之以恆地尋求建立贏家文化，從而提升公司的商業績效。我們絕無機會在年終回顧時說，「好的，我們在企業文化上已經竭心盡力，現在可以停下來了。」為了向公司其他成員傳達強而有力的訊息，我們必定要堅持不懈地秉持熱情和嚴謹態度，促進組織文化更上層樓。

在向公司全員分享企業文化、逐層傳遞企業文化，並於所有領域實踐文化之後，我們很可能誤認為企業文化變革最艱難的部分已經完成。而且，在打造卓越文化的過程裡，這個階段尤其容易問題叢生。

我們可能於短期內以企業文化為優先要務，然後在商業步調加速推進時，隨即把企業文化忘得一乾二淨。當我們不能專注地持續推展企業文化，我們不但將失去策進企業文化的動能，也將不再視企業文化為第一要務。微軟公司的執行長薩蒂亞・納德拉（Satya Nadella）非常認真看待企業文化建構與永續發展的重要性，他甚至堅信，執行長的英文縮寫CEO的首字母C代表的是文化。納德拉說，「擁有一種熱銷的產品並不足夠。我們必須具備可長可久的、推出下一個熱門產品的能力。而追根究柢，我們終須仰仗企業文化來延續和促進這樣的能力，從而洞悉下一個突破性發展所繫。」❷

步驟二：矢志不渝地一以貫之和協調一致

在採取步驟一之後，我們必須向團隊成員傳達一以貫之的訊息，使他們領會企業文化變革這項優先要務將貫徹到底。我們不只須傳達始終如一的訊息，更要在組織的決策過程和日常行動中堅定不移地實踐文化。如果我們傳遞的訊息和其他成員日常見到的實情背道而馳，那麼公司將無法發揮長期的文化影響力。

過去幾年來我從眾多企業發現了極常見的言行不一致現象。舉例來說，某些公司傳播的價值觀包含信任員工，然而領導者與經理人卻不斷地實行微管理，以致標榜信任員工的行為宣言無從落實，因為領導團隊很顯然並不信任員工。

我再舉一例：有些企業總是向員工宣揚文化的重要意義，然而卻從未著手給予員工必要的訓練，致使他們難以發展出具體落實文化的能力。

我近期曾與一位積極努力提升公司文化的執行長共事，而他最專注的關鍵領域之一是團隊合作。他始終很在乎團隊，總是強調團隊協作的重要性。問題是，這位執行長因為某個成員貢獻卓著，而刻意忽視他有違公司文化的糟糕行為。領導者必須確保組織整體言行、內部體系和程序各方面的一致性，然而這位執行長沒能堅定不移地一以貫之，以致步驟二無從落實。

步驟三：癡迷地聚焦於關鍵少數

不斷地錦上添花又力圖畢其功於一役，絕非卓越或可長可久的行動方案。隨著時光流逝，我們難免亟欲要求領導團隊彙整各種提案、規畫面面俱到的文化再造計畫，好盡快促成組織達到文化卓越之境。雖說這樣的意圖無可厚非，但好大喜功的策進企業文化策略，注定將失敗收場。我們的首要目標應是確認企業文化變革上不可或缺的關鍵少數領域。提升這些領域將能強化企業文化，並且有助於增進組織績效。

領導者與企業文化委員通常會操之過急地嘗試無數的點子、提議和方案，企盼能夠從而激發和創造出重大的文化影響力。尤其是在我們啟動並著手實行新企業文化之後，將格外難以抗拒這樣的誘惑。無論如何，絕不能屈服於這種引誘，而且只要抵抗成功，你將會感到欣慰。

專注於少數而關鍵的成長與影響力領域，是更優越且將更有成效的方式，然後我們更須推進關鍵領域諸事項的實踐和執行。

問自己：提升哪些關鍵少數領域能使組織產生最卓著的影響力？什麼關鍵少數文化有助於促進願景的落實？

步驟四：執著地堅持到底

一旦我們確認了自身最能發揮影響力的領域和關鍵少數文化要務，就必須百折不撓地專心致志並堅持到底。理想的著手方式包括啟動一項戰術或是微調既有的流程或結構，而且我們必須堅定不移地貫徹始終，以免徒勞無功。對於打造企業文化，我們不只要懷抱熱忱、善始善終，也必須堅韌不拔地全心投入，並持續維繫企業文化作為「商業精神」的地位。

倘若我們不能堅決地做到這些，很可能會陷入「啟動和停擺」的惡性循環。在人生的某些時間點，我們難免陷入啟動與停擺的惡性循環。我們可能在組織全員興高采烈的情況下啟動某件事情，然後因為其他事情而分了心，於是突然停下手上進行的要務去做別的事情。在某些方面，這樣的惡性循環將於組織文化中變得牢不可破。而避免一再重蹈覆轍的方法在於，確保公司文化始終如一地逐步發展、向上提升，並且不斷地朝著完善的境界推進。

如果我們不能時時信守最初的承諾，狂熱地執著於實踐新企業文化，恐有深陷啟動與停擺的惡性循環之虞，而且企業文化再造過程將難以進步。

步驟五：堅持不懈地提供商業案例

領導者理應為發展永續企業文化提供令人折服的論點，更要說服大家認同組織建立長遠影響力的必要性。然而許多領導者做不到這些，他們不把企業文化視為優先要務，也不相信企業文化具有提振商業績效的影響力。即使他們嘗試過，也很可能因為欠缺專注力，而未能將企業文化與商業連結、使企業文化在組織中紮穩根基。於是，他們見不到企業文化對商業的實質影響，以致對企業文化感到厭倦、將焦點轉移到其他事情，或是委由其他人來推動企業文化革新。問題往往不是出自組織再造文化的決策、時機、能量與資源，而在於領導團隊未能將企業文化整合進實際的商業活動之中。

為了揭示企業文化能夠如何增進商業績效，我們除了理當促使企業文化與商業產生連結，還必須有更多的作為。領導者務必要傳達扣人心弦的、始終如一的訊息，讓人領會企業文化將如何使公司整體表現和個別員工的績效同時受益。即使領導團隊全心全意投入於發展和提升組織文化，如果無法既讓事業蒸蒸日上又使顧客受益無窮，將難以促成永續的企業文化成就、發揮長遠的影響力。

企業文化根深柢固的影響力

我們在任何轉型或變革的過程中，都應當自始至終堅定不移、無畏無懼地懷抱願景，而且必然要維持高度的投入和深切的關懷。假如你一直努力施行本書提出的各項實踐步驟，那麼你在變革旅程上必定已投注可觀的能量、資源和時間。而倘若你迄今仍未全力以赴，以致企業文化變革過程步履蹣跚，我難免為你感到惋惜。遺憾的是，這樣的情況在現實生活中屢見不鮮，尤其是不少曾在啟動新企業文化上成果斐然、賦予了變革過程靈感和正向能量的組織，最終依然喪失了持之以恆的動力而致無以為繼。

在「企業文化再造過程」的這個階段，最根本的要務是滿懷熱忱、矢志不渝地促進企業文化的永續發展及提升長遠影響力。要達成這個目標，成效最卓著的途徑是促使企業文化在整個體系之中堅不可摧，而且要運用最佳企業文化實踐方法、具體落實關鍵少數企業文化要務。容我假設，你此時已經選定企業文化之旅的終極目標、賦予新企業文化明確的定義、將各項新價值轉化成具體的行為，並且把新企業文化傳播給組織其他成員。

請千萬不要停下前進的腳步。此刻理當著手使新企業文化對組織的一切作為產生潛移默化的作用。我們已經有了好的開始，自當期許未來能在這個基礎上迎向康莊大道。我們當前務必要孤注一擲，並確保企業文化深植於組織的成功基因，而且成為公司的商業精神。

我們可經由多個步驟來使企業文化於整個體系紮穩根基。而在採取任何行動之前，我們必須一絲不苟地對每個階段進行規畫和研判。此刻我們的首要標的是在已確認的關鍵專注領域上打好一切基礎。

以下是促進企業文化永續發展及深入且徹底地強化組織文化的一些可行策略：

企業永續發展的八大策略

策略一：嚴謹的訓練與鞏固措施

嚴格的訓練和規律的鞏固措施能夠確保我們獲益良多。就創造具有長遠影響力的永續企業文化來說，所有細枝末節都有重要意義。組織的一切作為都必須出於良好的意圖。不論如何，有一項關鍵要素絕對不可或缺，那就是在企業文化的脈絡裡進行嚴謹的訓練。我們應當鎖定一些符合企業文化價值的特定行為展開相關訓練，這將有助於組織具體實踐新企業文化，以及專注於種種正向鞏固企業文化期許的行為。

我們不宜將此視為一系列的例行訓練或是一次性的訓練，而應教練領導團隊將行為宣言融入其與部屬的一切互動之中。我們一開始要做的是，使所有現行的內部會議和旨在落實各項價值的行為聲明產生連結。

不論是將會議最初五到十分鐘專用於討論價值議題和相應的行為，或是把整個會議聚焦於體現價值的行為，每位領導者與經理人理當頻繁地定期教練部屬，使他們在實踐企業文化上有優異的表現。就具體的訓練來說，最重要事項之一是，公司每個部門日常的工作和訓練，都要和行為宣言產生連結。

那些贏得冠軍頭銜的體育團隊、出類拔萃的名人堂人物、始終如一地締造勝績並樹立新標竿的世界一流企業，並不只是憑藉人才或是策略脫穎而出。他們的成員不僅訓練有素，而且在其眾所矚目的成功背後，練習和操演的嚴格程度鮮為人知。當高階主管團隊與人資經理謀求達到文化卓越之境時，理當領悟這個共通的道理。整個組織必須經由貫徹始終的嚴謹訓練來創造和維繫願景與文化。暢銷書《從內做起》（*Developing the Leader Within You*）的作者約翰・麥斯威爾（John C. Maxwell）指出，「團隊合作使夢想得以實現，然而當領導者的夢想過於不切實際，而且團隊乏善可陳時，願景將會變成一場惡夢。」❸

領導者理應滿腔熱情地為再造企業文化全力以赴，並且應當具備創造非凡職場的遠見，然而倘若沒有妥當的相關教練，領導者的美夢將迅速演變成夢魘。企業全體成員都須接受一以貫之的鍛練，以便達到公司冀望的行為轉變。

我常因商界缺乏嚴謹的訓練而感到驚訝，而且這在對整體商業績效與成果最為關鍵的領域尤其嚴重。過去當我獲得機會實現人生目標、成為專業運動員時，曾經因為預備訓練一板一眼、絲毫不能馬虎而大吃一驚。我在芝加哥小熊隊期間於某個球季開始前不幸受傷，以致在國家美式足球聯盟的職涯提前結束，不過親身體驗美式足球隊的訓練強度使我大開眼界。擔任職業球員時，我始終對自己的專心致志和追求成功的動力引以為傲。國家美式足球聯盟每位選手不但球技精湛，而且個個都像我一樣努力。

身為美式足球隊線衛，我對布萊恩・厄拉克（Brian Urlacher）和藍斯・布里吉斯（Lance Briggs）懷有最崇高的敬意，並且追隨著他們的一舉一動。厄拉克第一次獲提名即榮登名人堂，我相信藍斯・布里吉斯也將在幾年後獲此殊榮。而這兩位最令我印象深刻的事情是，他們均為球隊裡最勤奮上進的球員。

布萊恩・厄拉克十分珍視美式足球，並憑藉出賽累聚了可觀的財富，更獲得球迷滿堂喝采。以當年的職涯地位來說，他不必認真研究和分析賽事影片，也無須在細枝末節上力求完美。然而，他仍日復一日精益求精，對於克敵制勝始終堅持不懈。

在國家美式足球聯盟，不僅每場賽事都要錄影，而且當天賽後都須仔細檢視每項細節。不論是已有十年球齡的老將或是選秀時落選的菜鳥，每位球員都始終如一地執著於日益精進球技。球隊也會慎重地記錄每次練習，以及每位球員的各項動作。對於商界人士來說，這或許顯得要求過高。我並非暗示每家企業應比照國家美式足球聯盟的方法來訓練和開發員工潛能，然而各公司理應推行依據企業文化量身訂做的嚴格訓練和教練計畫。

湯姆・彼得斯（Tom Peters）在其著作《活在卓越的當下：極致的人文主義》（暫譯，*Excellence Now: Extreme Humanism*）寫道，「訓練是一種資本投資，而不是商業支出。如果你認為這是極端的想法，可以去詢問一下其他人的意見，比方說海軍上將、陸軍上將、消防署長、警察局長、美式足球教練、射箭教練、劇場導演、核電廠營運長等。」[4]

策略二：文化影響力委員會

若不明確界定由誰來執掌企業文化及對組織的整體影響力，將會導致企業文化走向衰敗。根據我多年來的經驗，為了使企業文化產生長遠的影響，最好促成所有部門各層級員工的工作方式與領導團隊和人資經理協調一致。

有些人認為，領導團隊在這個時點上不宜插手，應讓人資部門和員工資源團體（ERG）來接掌企業文化變革事宜。這樣的做法主要的缺點在於，組織已到位的企業文化關鍵要務以及各項計畫，將面臨漸受損害的風險。因為領導團隊起初大舉投入企業文化再造工作，然後突然從這個重責大任中銷聲匿跡，將會使員工在認知上產生困惑。

我曾於一年多前與任職金融機構會計部門、身材高挑、務實又嚴肅的潔米共事。在我們尚未成為工作夥伴時，她的公司不僅已力圖推行企業文化變革，更在數年間經歷了兩次重大的整體轉型。某天午餐休息時間，潔米走到我身旁，對我自我介紹。

我與一些組織的不同部門有過合作，因而廣泛聽取了諸多觀點，這樣的體驗彌足珍貴。我時常從資深領導團隊獲得某種見解，然後在與第一線員工討論和深入探究之後，又得知大相逕庭的看法。當我與潔米短暫對話時，我問她說，「潔米，你對公司幾次變革有什麼感想？」

「起初我幾乎厭惡那些變化，但我們推行的是不可或缺的轉變。」她表示「問題在於，我已在此服務十一年，而公司罕見地能夠長期堅持不懈地推動變革。最初我們見到所有領導者積極參與其中，然後過了一段時期，領導團隊就杳無蹤影。多年來我們把重大決策委託給志願性質的員工資源團體，結果遇上了諸多難題。我不想負面地看待事情，因為某些團體把工作處理得無可挑剔，只是對我們來說，這終究行不通。我們時常見到某些成員因工作繁忙而無法參與會議，有些成員則對受委託之事毫無想法，或者像是事不關己。」

我對潔米解釋說，就重大變革專案而言，這種方法或是類似做法，只會導致長期效率不彰，而且將使組織謀求永續影響力的目的受挫。我並不是說，所有的員工資源團體都辦事不力，或表現糟糕。我見過很多不同凡響的員工資源團體，然而這些團體不會獲得授權去負責公司的關鍵績效指標（KPI），或是主導策略方向。而文化大業也不應委由員工資源團體掌理。

在確認這家金融機構先前挫敗的原因之後，我們協同致力於確立組織文化權利歸屬，同時也深思熟慮地挑選文化負責人，然後再從這些人當中精選出文化影響力委員會成員。而每個層級都有代表者出任委員。我們沒有強迫任何人加入，假若有人不願意參與，也不至於招致什麼後果。

我們依據評估員工未來潛能的內部排序系統，挑出百位最頂尖員工，使成為文化影響力委員。然後，公司執行長向每位獲選者發送邀請函，並且闡明委員會成立宗旨及對公司未來發展的重要性。雀屏中選者不但全都績效卓著，而且多數受到同事們高度敬重。

接下來，文化影響力委員會將每月與資深領導團隊召開一次會議，共商公司變革的進展、各項挑戰和關切事項。廣納多元員工進入文化影響力委員會，有助於及早發現資深領導者可能尚未意識到的各式問題。

策略三：界定企業文化要務並給予優先順序

我們應當比照組織要務的授權方式，來處理文化要務，而且務必要像追求其他重要目標那樣，竭盡所能投入資源。此刻，我們很可能已辨成兩到五件事情，從而提升了企業文化的體質和表現，並且增進了公司的整體績效。

請花一些時間思考一下，我們已經學習過的各項課題。我希望你獲得了一些觀念，並且實行了我在第8章首次揭示的路徑圖第二與第三階段相關練習，這有助於你與其他成員分享新企業文化，以及加以具體落實。在某些個案中，我們也可延長路徑圖這兩個階段的練習時期。假如你對目前的企業文化改造感到滿意，那麼至關重要的是，如何在接續過程中投注時間和精力。

你或許聽說過「帕雷托法則」(Pareto Principle)，它也被稱為80／20法則。這個法則能助益你將企業文化提升到更高層次，以維繫和極大化其對其他成員的影響力。簡而言之，帕雷托法則主張，企業文化的成果或是影響力，有八成是來自於兩成的企業文化活動或是焦點領域。正如本書先前所提及，心血來潮的舉動，以及一事未成又另起爐灶，並非可長可久的發揮深遠影響力的策略。這不只無法永續發展，還可能在諸多方面產生適得其反的結果。

你可能感到疑惑，究竟你與團隊應如何確認各項企業文化要務，然後貫徹到底。在這方面，並沒有一體適用的方法。但是，多年來與我合作過的許多組織找到了門道。首先讓我們一起來檢視一些企業文化要務。我們需要著手一些不可或缺的初步研究，而隨著投注的時間增多，我們將獲得價值非凡的結果。我們的目標在於釐清，哪些企業文化要務將對事業產生最卓著的影響，並能使企業文化發展無往不利。

而理想的著手方式就是，找出公司裡形成最大阻力的問題，以及發掘緩解難題之道。邀請員工們參與短期的調查，好獲取關於最重大影響力領域的資訊。在分析調查結果、辨認各個壓力點之際，企業文化影響力委員會成員和人資部門高階主管，將可快速地對公司的全面體質有所掌握。在此必須強調，我們在不做任何評判的情況下，經由協作來完成這件事情。

至關緊要的是認清企業文化要務並非一次性的專案，而是指對於企業文化成長和商業成功均不可或缺的企業文化實踐和各項功能。這包括使企業文化融入新進員工入職流程、人才培訓計畫、領導力發展、知識分享、商業能力訓練、師友計畫等。而每個組織都有其獨一無二的情況和種種相關的發現。

資深領導團隊和企業文化影響力委員會應當依據，各項企業文化要務對於組織的重要性及公司當前所處境況，來對企業文化要務進行排序。比如說，我們可能收到八項企業文化要務相關推薦，然後確認當中兩到三項對於整體績效將產生最大的影響。假設在接下來六個月期間，我們應處理好三項企業文化要務，那麼這些企業文化要務都應有配套的、詳盡的執行計畫。

企業文化影響力委員會每位成員，以及資深領導者和經理人，都應被指派到各項企業文化要務相應的領域組別。每個小組都須負責提出施行計畫，並把派任的企業文化要務付諸落實。

策略四：文化指導方針手冊

在大學和職業美式足球員生涯裡，每當我前往訓練營報到，首先接獲的物品之一即是團隊戰術手冊。而手冊中通常會有一整個章節談論球隊文化，甚至有時會有另一本手冊專門講述團隊文化。在數個月的訓練期間，我們雖然反覆不斷地聽到教練傳達「訓練營的行事作風」之類的訊息，但每位選手依然會拿到紙本的實體手冊。我們始終必須隨身攜帶這部指南。在團隊每次召開會議、每回討論球員部署位置，和每天例行的檢討開始之前，教練都會對我們闡釋手冊裡的一項主題。

當我行旅世界各地時，屢屢發現許多組織沒有發給員工文化指導方針，這令我深感驚訝。我說的並非員工手冊，而是詳盡的企業文化指南，當中應當闡述組織文化，以及說明公司對員工行為的種種期許。舉例來說，企業文化手冊應納入行為宣言和問答集，好闡明當特定事情發生時，員工該怎麼辦、應該聯絡誰。

企業文化手冊理應具備兩大目標：「重申和闡明組織在文化上的各項期許」，以及「成員如何與組織文化協調一致」。正如我在書中一再指出的，組織文化不會憑空出現。無論如何，備妥一整年的企業文化指導方針，極有助於強化能促進長期成長的重要層面，還能向員工傳達強效的訊息，領會組織在企業文化變革上不會敷衍了事，而將採行面面俱到的做法，並且一切都與企業文化休戚相關。

策略五：點燃團隊的心火，並啟發他們

研究顯示，啟發員工事關重大，而且受到啟迪的員工的生產力將大幅提升。世界各地的領導者就生產力進行評比，從而區分出這四類員工：對職務不滿意的、對職務滿意的、極投入的，以及獲得啟發的員工。這些發現清晰地描繪出受到啟發的員工將具有更高效的生產力，而且一位獲得啟迪的員工的生產力約相當於，三名對職務滿意的員工的生產力總和。那麼，研究人員是否發現了啟發員工的最佳方法？有的，那就是透過公司使命來賦予員工工作意義和發展方向。❺

我們如何著手在企業文化層面啟發組織成員？我們可以開始講述激勵人心的故事，內容應闡明企業文化、核心價值與原則，及將如何影響員工、客戶與其他關鍵利害關係人。我們還可找出富創意的紀念品，比如說打造可以定期更新的啟發人心的事物，然後分發給每個員工。

發現金融公司（Discover Financial）提供了良好的案例，示範如何說好啟發人心的故事、闡述在工作上落實各項價值如何影響員工，從而進一步強化各項價值。他們做了一百多頁的企業文化手冊，分享了公司的各項價值與核心原則，以及員工實踐這些價值的故事與實例。❻

當員工們聽了這些鼓舞人心的故事、知悉落實企業文化或組織各項價值如何對同事們產生正向影響之後，不但企業文化將進一步獲得鞏固，員工本身也將獲益匪淺。我們可以透過多元異質的方法，在企業文化層面點燃員工的心火和啟發他們的靈感。我十分確定，述說愈多正面故事來闡發公司價值與原則如何觸動和影響人心，就愈有可能促成可長可久的企業文化發展。

策略六：開創出表彰傑出員工的環境

在我與某家農業公司執行長和人資總監的一場會談，我們討論了企業內部若干影響商業績效的不利條件。這家公司在此前幾個月陸續失去了被視為未來棟樑的關鍵要員，而且整體士氣一落千丈，情況甚至比他們自己意識到的更加嚴重。當我觀察過組織部門首長與經理人的內部會議後，發現他們不但欠缺工作熱忱，而且不懂得表彰貢獻卓著的員工。我對執行長與人資總監點出這些令人擔憂的事情，而他們對此深感震驚。我建議他們立即著手肯定和表揚員工的優異表現，好為其他員工樹立楷模。而執行長最初的反應是，「員工就是應當努力做事，為什麼我們要認可和表彰他們份內的工作？」

這是許多高階主管和經理人共通的想法。就某些方面來說，我完全能夠理解。但容我舉例說明，執著於創造一個表彰傑出員工的環境，能夠如何大幅度改變企業文化的長遠影響力。

百勝餐飲集團（Yum! Brands, Inc）共同創辦人暨前董事長大衛．諾華克（David Novak），曾於一九九九年到二〇一六年一月擔任執行長，在那段時期，集團旗下的餐廳倍增到四萬一千家，市值自不足四十億美元大增為三百二十億美元，且投入資本報酬率在業界首屈一指。集團當時更被認定為商業界財務狀況最出色的公司之一。

我們不禁對諾華克深感好奇。是什麼造就了他的成功？他將絕大部分時間和專注力奉獻給了員工，並且積極彰揚對公司的傲人成就卓有貢獻的人。曾有一些報導描繪過諾華克擔任執行長時期辦公室的模樣，那裡頭隨處可見橡膠雞、塑料豬等玩具，牆上還掛滿諾華克與友人和客戶合影的照片。他堅守著如同公司一般員工的尋常生活，而不是像眾多名人或總裁那樣過日子。該集團的成功始終奠基於他凝聚團隊向心力的哲學。他哲學主要的核心為，始終如一地表彰傑出員工。舉例來說，諾華克掌理肯德基（KFC）時期創設了橡膠雞獎（Rubber Chicken Award）。

世界各地領導者時常詢問諾華克，百勝餐飲集團文化的祕密配方，他回答總是，「我們比多數公司更加注重表揚員工，而且也更為樂在其中。」百勝餐飲集團的經理人迄今仍對這項傳統引以為榮。不管怎樣，獨到之處是明快地肯認員工的貢獻，無須等候正式的頒獎場合。只要有員工表現優異，經理人將立即在會議上撥出時間，公開讚揚這些員工，並且當場授予百勝獎。[7]

諾華克接受全國廣播公司商業頻道（CNBC）專訪時指出，員工總是渴想時常獲得經理人始終如一的稱讚。他也表示，肯定員工的成果固然很重要，但也須慎重地指正他們令人難以接受的行為。[8]

策略七：指導與教練

指導和教練能夠對公司文化及效能產生重大影響。當涉及創造永續的組織文化和長遠影響力時尤其如此。伊利諾州SGWS公司以「今天就一起變得更好」的企業文化主旨驅動長遠變革，核心信條是高度專注於指導和教練。他們的目標在使資深管理團隊辨識深具潛能的員工、協助他們提升知識，並提供他們學習和實踐企業文化的方法，當中行為宣言尤為至關緊要。

公司每位資深領導者每月與不同部門的主管或經理人進行一次會談並給予指導。一開始時，這是透過簡單的Zoom視訊會議或電話會議完成，而隨著時間推移，出現了鼓舞人心的發展，大家開始舉行午餐會議，或是延長教習時間。經過資深領導人持續六個月的悉心教練後，各部門首長與經理人接著轉而成為其他人的導師。而在接下來半年間，資深領導者繼續指引著另一批部門主管和經理人。

我們首要且最基本的指導方針是：

- 促成跨部門間團結一致。領導者理當竭盡所能，以確保來自不同部門的人能夠搭檔合作。
- 積極地投入關於員工未來目標、職涯發展的對話，以及應對各項挑戰或難題。
- 討論公司「今天就一起變得更好」的企業文化宗旨，以及提供符合合行為宣言的正向日常行為範例。

處理好這三個部分，對於促進文化深植於整個體系至關緊要。我們的相關討論頗有成果而且產生了效益，並且持續傳達著這樣的訊息：我們將堅定不移地專注於打造文化，並將貫徹到底。

策略八：將企業文化連結到學習與研發

正如本章前面的段落所言，嚴謹的訓練對於深入領悟企業文化以及增進組織績效都是必不可少的。同樣地，領導者應把創造世界一流的學習型組織當成最高優先要務。

幾乎所有公司都有學習與研發團隊，而且它們通常具備不斷發展的累積專門知識的目標。不過，實質的難題在於學習和研發與公司文化契合的程度，以及它們能夠如何增益組織的整體績效。我發現許多組織的學習及研發工作未與企業文化產生任何連結，而且沒能和增進商業績效所需的演進能力協調一致。此為司空見慣的問題。

頂尖的打造企業文化、形成長遠影響力的方式是——活用學習與研發計畫並不斷調整結構。悍然且卓有成效地專注於學習與研發，能為公司帶來龐大的紅利，輝瑞製藥（Pfizer）就是一個絕佳的案例。輝瑞公司學習與研發長尚·哈德森（Sean Hudson）強勢領導著公司努力打造未來。他們確認且改進了三種學習型態，並將其融入組織一切的努力之中。這三個學習類型分別是組織要求的學習、不可或缺的學習，以及組織期望的學習。輝瑞所屬產業受到當局高度規範，因此被要求學習許多事物。而必不可少的學習聚焦於特定技能，以及有助於員工成功發揮角色功能的稱職能力。至於組織期望的學習則涉及，提供員工感興趣領域的學習機會。

尚·哈德森在 LinkedIn 接受莉蒂亞·艾波特（Lydia Abbot）專訪時也強調，將輝瑞四大核心價值連結到學習與研發至關重要。尚指出，「擁有各項技能是很好也非常重要的事情。但這些技能必須建立在企業價值以及員工角色的脈絡之中。我們不只必須習得技能、獲取知識，更須使它們維繫不墜並且能夠派上用場。」

因此輝瑞總是尋覓著能使員工自由自在的方式，更給予他們不斷學習的機會。我們不能只是簡單地告訴員工學習事關重大，還須撥給他們學習的時間。[9]

五步驟打造企業文化永續影響力

一、**極度狂熱的取向**：打造永續企業文化以產生長遠影響的唯一方法是，常保培育企業文化的狂熱心態。我知道自己在本書中已重申過多次，然而對此事的強調永遠都不會足夠：沒有任何單一的事物或層面足以打造出組織文化。對建構文化愛不釋手的領導者將啟發其他人群起效尤。

二、**堅持到底的長期博弈心態**：打造企業文化是長程的志業。至關重要的是——時時提醒自己，絕不可為了短期的收穫而犧牲掉公司的長期體質與成長。

三、**癡迷地執著於過程導向**：為短期與長程的文化影響力擬具計畫和形成策略至關重要，而進行反向工程、將注意力轉移到日常過程也同樣事關重大。如果我們想要打造冠絕群倫、持續成長、富生產力的團隊，就必須狂熱地致力於建構新文化，並且始終如一地完成那些必不可少的事情。

四、**運用狂熱心態五步驟**：活用五步驟作為擬定企業文化實踐計畫的起點，從而逐步形成長遠的文化影響力。請思考一下，每個步驟應如何與未來半年到一年的明確方向和發展策略達到協調一致？

五、**滿懷熱忱地讓企業文化於體系中根深柢固**：實行我在本章分享的八大策略，並且確認哪些策略和專注領域將產生最卓著的影響。到頭來，一切核心問題主要在於領導者與公司。即使上述各項策略執行起來卓有成效，它們並非最重要的事情。至關緊要的是持續一以貫之地專注於形成和維繫可長可久的企業文化影響力。

第10章

變革領導力是最終致勝關鍵

能夠影響人類行為的只有操縱或是啟發這兩種方式。

——賽門．西奈克（Simon Sinek），《先問，為什麼？》（*Start with Why*）作者

領導團隊的績效是組織最終能否出類拔萃的關鍵。假如人才實力平分秋色的兩個團隊或事業體競爭同一個市場，那麼最終勝出的將是具備更卓越領導力的一方。關於再造企業文化，或是創造更能啟發人心的高績效職場，最終能否獲致成功和產生影響力，取決於組織領導者群策群力的集體表現。

沒有任何事情能夠彌補領導力方面的缺憾。這是無法迴避、不容否認，而且不能輕忽的問題。公司的領導團隊日常的行動、與人互動和對待他人的方式，以及他們所樹立的榜樣，都將對企業其他成員傳達強烈的訊息、促成上行下效的結果。

九成的投資人對企業首次公開募股進行評估時，會以該公司領導團隊的績效與品質作為最關鍵的考量因素。只要領導團隊同舟共濟，為共同的願景全力以赴，則公司超越財政績效中位數的機率將增加一・九倍。❶

多數人能察覺，領導者的角色事關重大，尤其是在推行企業文化變革期間。無論如何，許多人依然低估了領導人的整體影響力和強大作用。多年以來我也意識到，領導者通常沒能充分了解，他們對於轉型案有多大程度的影響。這種情況不只見諸企業文化革新或策進組織文化的過程，而是幾乎發生在所有事情上。但只要領導者有能力提升自我，一切都將因而受惠。

福來雞（Chick-fil-A）前執行長、現任董事長丹・凱西（Dan Cathy）回憶說，他曾於職涯初期在達拉斯市對顧客進行一項民意調查，結果二五％的顧客表示不會再度光臨福來雞，而且他們有著各式各樣的理由。凱西最初的反應是對經營者和店長們提出抱怨，並向他們施加更大的壓力。但隨著時間推移，他逐漸領會到，運用這樣的策略，成果微不足道。後來，有本書出現在他的桌上，並且成為職涯的轉捩點。那是菲利浦．克勞士比（Phillip Crosby）的著作《質量免費》（*Quality Is Free*）。凱西對書中改變了一切的一句話記憶猶新：「商業的方方面面每每反映出領導力的品質。」他領悟到，對經營者和店長們大吼大叫、要求他們把事情做得更好，幾乎無濟於事，至關重要的是他身為領導者必須持續成長和不斷提升領導力，於是他從此好學不倦，最終學習有成、領導力日益精進，公司隨著蒸蒸日上。❷

當我與一個組織展開合作關係時，不論是協助他們推動企業文化轉型，或是提供給他們發展領導力的相關訓練，我會先觀察其領導團隊並與之互動，藉以洞悉他們的未來發展潛能。倘若這家公司的集體領導力積弱不振或全然體質不良，那麼很可能難以實現願景，除非他們推行領導階層變革，或是強勢地專注於發展和增進領導力。

另一方面，假如一個組織擁有崇高的目標和抱負，而且領導團隊成員均績效卓著也相互信任，那麼這個組織將大有可為。如果一個組織的領導團隊能力不足，那麼即使它能夠提供卓越的產品，或是世界一流的服務，其成功和影響力恐將難以維持長久。一個組織有可能幾乎盡善盡美，但礙於領導力乏善可陳，而致無法達到卓越境界。

請思考一下經歷了合併案、由新的業主接管的掙扎圖存的企業。它一開始將立即發生什麼樣的事情？就大多數的情況來說，新業主將解散其現有的領導團隊，並任命新的領導階層成員。這是因為，不論情勢多麼複雜，或是什麼因素導致公司走向衰敗，從一開始就是領導者的績效決定了企業的成敗。這是個嚴酷的事實，而且在某些案例中，部分領導者甚至是出色人物且廣受組織成員愛戴。然而，備受敬愛的人不必然能夠穩坐高位，當組織因領導力績效不彰而搖搖欲墜時尤其如此。

暢銷書作家約翰・麥斯威爾（John Maxwell）說，「一切興衰都與領導力息息相關。」我完全同意他的看法。組織的整體績效以及文化能否達到卓越境界，都與領導階層的能力和績效休戚相關。我對此堅信不疑，而且這是我和各企業合作之初，投注多數時間與領導團隊互動的主要原因之一。即使終極目標並非只是提升組織領導力，我的工作向來始於領導團隊，也終於領導團隊，而這自有道理。因為最高階主管發揮的力量，具有造就或者毀掉公司的關鍵作用。

多年以來，我見過諸多傑出企業依據計畫推行企業文化變革，最終卻因為少數領導者固守本位主義、缺乏投入的熱忱，以至於功敗垂成。一名領導者撐不起一整個團隊，也無法獨力改變整個組織，無疑的，只須一位領導人即足以造成一個團隊四分五裂，以及使企業文化毀於一旦。因此，公司的所有領導人為提升或改造企業文化而協調一致，而且自動自發地強化自身的領導力效能，是至關緊要的事情。

在我們討論打造文化過程裡領導者的角色，以及導引組織文化轉型的方法之前，我想先和你們分享一些關於領導力的觀念想法：

- **領導力不只是一個頭銜。**領導力是對他人的人生產生正面影響的能力與渴望。它非關頭銜或職位；而繫於你為他人生活帶來正向改變的本領。某些擁有老闆頭銜的人根本稱不上真正的領導者。而有些不具正式頭銜的人，則展現出影響他人人生的非凡能力，當他們開口說話時，人們會留心聆聽。領導並不意味指引他人何去何從，或者指示他人如何做事，而是為他人開拓道路以及帶頭當進步先鋒。

- **領導力不僅是基本要項而且不可或缺。**領導力是永遠不可掉以輕心的重責大任。不但所有人的眼光都聚焦在你的身上，你的一舉一動更會被大家鉅細靡遺地加以檢視。你領導的每個人的家庭和生計都仰賴你日常拿出卓越表現的能力。你寫下的感謝函、對員工貢獻的肯定與表彰，都能改變某個人當天、甚至於整個人生的走向。
- **再多的善意、計畫或策略，也難以彌補或取代積弱不振的領導力。**每家公司都應比照在策略和財務方面的做法，竭盡所能地投注時間與想法來發展領導力。儘管資深領導團隊的績效具有關鍵作用，我們仍應以開創領導力工廠（leadership factory）作為目標。**所謂「領導力工廠」是指這樣一種職場，在那裡即使是新進和沒有頭銜的員工都明白，他們在當下的職位上也有能力領導和帶來改變。**

領導者的角色

在建構企業文化、促使組織績效更上層樓的過程中，領導人務必要在多個領域和主要職責範圍內精益求精。而這些要務並沒有孰輕孰重的分別。在過去多年間，我最常被問到的問題是，「對於領導者來說，改造企業文化的過程裡最重要的是哪些事情，過程中哪個部分最為事關重大？」

這是有點複雜的問題，因為在創造更優質文化的旅程上，領導者做的一切事情以及整個過程的每個階段，都極其重要。

在文化之旅初期，領導者必須為文化發展指引方向，還須把文化願景傳達給全體成員。然後，當來到旅程的中途點，領導者理應成為體現文化的種種行為的角色楷模，從而使文化以更深刻、更富意義的方式，在組織裡紮穩根基。而這樣仍未達成終極目標。一旦向全體成員引介了新企業文化，領導者不僅要持續落實各項價值，更應以啟發人心的方式將企業文化連結到整個組織，使其成為公司的精神內在。

領導者是組織文化轉型或企業文化再造成功的唯一憑藉嗎？當然不是這樣。然而，倘若低估了領導者對企業文化變革績效的決定性作用，公司將難以收穫預期的成果。領導者對於組織成功的重要性，以及打造世界一流企業文化的能力，是我們經常討論的課題，但有時這會傳達出錯誤的訊息。日前我在佛羅里達州棕櫚灘擔任客戶文化轉型案最終階段顧問。雖然企業一路走來遭遇了若干艱難的挑戰，但是當時總算一切事情都依計畫按部就班完成，而且他們持續朝著正確的方向前進。

這家公司的企業文化目的宣言一推出就引人矚目，而且在企業文化革新之旅上激發了眾人的熱情參與。領導團隊承擔起艱鉅但責無旁貸的重任，堅持不懈地重塑公司各項核心價值，並將它們轉化為具體的組織行為。他們的領導團隊和人資經理，對公司的未來懷抱滿腔熱忱，而且按照具體的指導綱領推行一切事情。在引進新文化、啟動新身分認同的時機成熟時，全體員工對於公司領導團隊致力的多數事情讚不絕口。他們開始把新文化融入商業營運之中，並且確認了一些關鍵的企業文化要務，可望為組織帶來非凡的影響力。基於這些事情，你可能會問道，一切顯然進行得很順利，為何要把這個案例提出來討論呢？究竟「哪裡出了問題？」

在某個下午於佛州召開的領導力會議結束後，企業領導者之一莫妮卡對我說，「今天的會議很成功，但我有一個問題，領導團隊當前不是應當退一步，讓其他人來主導後續發展嗎？我們花了九個月對尋常的工作方式進行破壞式創新，並且成功地驅動企業文化變革，我相信交棒的時機已經成熟。」

莫妮卡的問題反映出其他領導者的思維。有另外三位參與領導力會議者表明贊同莫妮卡的想法。即使與會五十名領導者僅有四人明確表態，我可以看出會議室裡每個人都迫不及待地等著我的回應。

我回答說，「在座的每位領導者確實完成了無與倫比的工作，然而充分發展和形塑企業文化的重責大任並沒有終止日期。今天在場的每個人都於某些方面改變了工作方法和領導風格，對此我要為各位鼓掌喝采。你們啟發和教練其他人，使他們加入你們為企業文化轉型鋪路的工作，這是極其至關重要的事情，但是你們身為企業文化推動者還未能功成身退。」

我分享這個案例，最重要的用意是期望大家了解，在推行企業文化再造期間，我們必須堅定不移地專注於領導者的角色。領導者理應始終如一地追求企業文化變革，而不只是奉獻出數個月或是數年的時間。當我們高度強調領導者的角色時，其他人可能會做出錯誤的解讀。他們或許會認為，除了被擢升到更高位階的重要人物之外，其他的人都微不足道。

然而，事實遠非如此。所有人都是重要的，也都有他們各自的價值，在打造高績效企業文化的艱難過程中尤其是這樣。領導者在公司變革時期的創造力和影響力，不亞於任何人。我們的目標是讓全體員工、經理人和非經理人都能以身作則、日復一日做出體現新企業文化的實質行為。

然而，在落實這一切事情之前，實現願景才是最優先要務，我們將在稍後進一步談論這個課題。員工展望未來時總是期待領導人指引前景，並將對領導者的遠見呈現的各種可能性抱持強烈信念。因此我們著重強調，領導者必須主導變革過程的每個階段，並且理當在推展變革的每個步驟上展現領導力。

倘若組織的領導人不能強勢投入日常要求員工做到的事情，員工將會開始轉向他處尋求指引。當這樣的情況發生時，通常將產生與所有領導者的期望適得其反的結果。

話說回來，讓我們深入探究一下，領導者在打造或變革企業文化的過程裡，應有的具體行動和肩負的相關職責。這涵蓋了資深高階主管、人資經理和第一線的監督者（參見圖10.1）。

變革領導的三大行動方針

在文化變革的旅程上，將有眾多其他職責的人參與其中，甚至某些人的加入是我們始料未及的。而在推動文化變革及增進組織影響力方面，有三大行動至關重要。

行動方針一：設定願景

唯有領導者能夠做到的一項工作是為組織文化設定願景，並且堅持不懈地分享、傳播願景的細節，以及闡明如何在日常生活裡加以實現。了解願景的重要性，並且全力傳播願景的領導人，是最出色的文化締造者。某些人可能把討論企業文化視為老生常談，甚至認為只是陳腔濫調。然而，績效最卓著的商業領袖與體育教練始終熱愛談論企業文化，而且他們都能講出很好的道理。因為文化事關重大。而當宣揚企業文化淪為空談卻無實質內涵時，企業文化只會顯得軟弱無力且令人格外難堪。

此外，許多公司搖搖欲墜且從未受到市場歡迎，原因

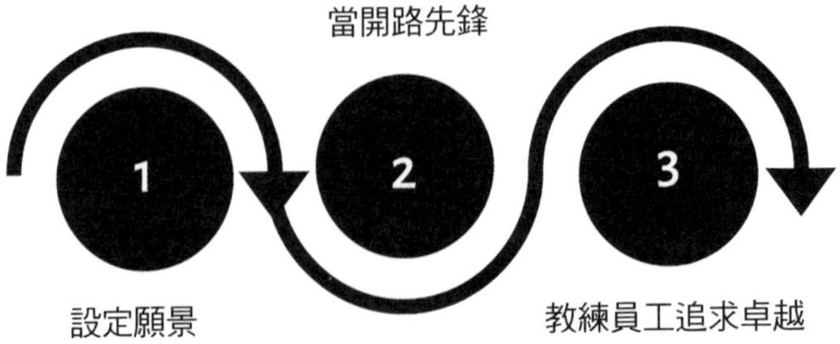

圖 10.1：領導者在打造企業文化過程中的角色

在於它們未曾投注必要的時間與精力來發展所有成員都能領會和倡議的願景。量化的和難以理解的指標將無助於我們推動顯著的進展。人們更容易和各種故事產生連結，而且最成功的企業通常能言簡意賅地講述他們的企業文化變革故事。❸

設定有助於事業成功的願景，理應及早展開對內溝通，且須持之以恆地闡明公司當前所處位置、將來的走向，以及達成願景的方法。當領導者滿懷熱情地傳播企業文化願景，並使其與團隊個別成員實現願景的特定角色產生連結，企業文化願景將逐漸深植人心並且廣獲支持與認同。

行動方針二：當開路先鋒

當你確立了企業文化的「北極星」指標——你未來的願景和期望開創的環境——接著必須負責擔任開路先鋒。唯有領導人開闢道路、奮勇前進，方能為企業帶來成功的全面轉型和企業文化變革。領導團隊理當披荊斬棘，實質地改變組織的走向，並且堅定不移地帶頭衝刺。假使領導者停滯不前、光是倡議變革卻故步自封，且又期望其他人變換工作方式與既有行為，那麼只會造成徹底的失敗。

可悲的是，領導者時常光說不練。而當他們在變革案或文化轉型上遭遇挫敗之後，只能藉由開會試圖找出肇因。最糟的是，他們交相指責。組織如果期許員工服膺文化並透過具體行為來落實各項價值，就必須坦率且認真地對領導團隊進行評估，好確認他們是不是傑出的行為楷模，以及能否卓有成效地遵循企業文化北極星指標。領導者的作為始終會反映在組織行為上。

行動方針三：教練員工追求卓越

所有變革案領導者的戰術手冊都應納入接連不斷且一以貫之的教練。光是向組織其他成員傳達你期望他們做的事，或是組織必須發生的變化，並不足以推動變革。最卓越的領導人向來以教練而非管理者的身分，來激勵團隊將潛能發揮到極致。領導者教練部屬的職責事關重大，因此WD-40等公司將所有的經理人稱為「教練」，而不只視他們為管理者。❹重點不在於將每位經理人稱為「教練」，至關緊要的是，所有領導者都須徹底領會組織文化及其代表的意義、符合企業文化的行為轉變模式，以及專注於教練組織成員實踐企業文化。教練是成效卓著的領導力的一個關鍵環節。

我回想整個運動員生涯發現，每位教練都有一個共同點，也就是他們對於我作為一名運動員和身為一個人的人生，具有顯著的影響力。他們與我一同挺過逆境，幫助我發現自己甚至未能認清的潛能以及既有的能力。

唯有教練不但為你加油打氣，還一路陪著你跨出每一步，你才可能達到這種程度的自我發現。當然，他們的職責就是教練選手，但體育界有許多教練不僅未能善盡職守，只會以管理者的姿態對球員大吼大叫。我們必須時時堅決地提醒自己，理當成為名符其實且卓有成效的教練。

成為變革領導者

當今的商業環境瞬息萬變，在這樣的條件下要創造贏家文化，必須做的事情遠超越細枝末節上的微調。我們現行的流程與系統理應全面轉型，畢竟它們已不再能幫組織贏得成果和強化績效。至關重要的是，我們必須改變不能助益我們勇往直前的老舊過時心態。

為了明快地奮勇向前、更靈敏地見機行事，以及急所當急，我們理應始終如一地分析和探尋轉型的方式。而我們最需要的是事關重大的變革領導。這是受到最多研究的領導風格之一，在過去數十年間廣獲人們探索與討論。

社會學家詹姆斯．唐頓（James V. Downtown）於一九七〇年代初期率先創造了**變革領導**（transformational leadership）這個術語。此後，許多人陸續為這個概念添枝增葉，使其隨著時間推移日漸廣為人知。曾為多位美國總統立傳的詹姆斯．伯恩斯（James Burns）在一九七八年進一步將這個概念擴大。而領導力專家伯納德．巴斯（Bernard Bass）受到伯恩斯的啟發，使得這個概念益加發揚光大。❺

伯納德．巴斯和羅納．瑞吉歐（Ronald Riggio）於二〇〇六年的著作《變革領導》（*Transformational Leadership*）將此概念定義為：

「激勵和啟發追隨者達成不同凡響的結果，以及在這個過程裡發展出自身的領導能力。變革領導藉由賦權和促使部屬、領導者、團體及更廣大的組織的目標與目的協調一致，來回應個別追隨者的需求，有助於部屬成長和發展成為領導人。」❻

變革領導不但具有產出非凡商業成果的潛能，更能徹頭徹尾轉變員工的人生。全面變革文化、提升文化或維繫既有的強大文化都是艱難的重任。零零落落的微調和方法上的細微改變無法促成我們期望的結果。若想促使組織全面轉型，領導者必須展現自身最卓越的能力，並且準備好徹底改變部屬的人生。

在啟發團隊和全體員工上，是否真的有某些領導者比其他領導人更具天賦？毫無疑問，總是會有一些與眾不同和千載難逢的天才型人物。歷史上若干出類拔萃的運動員在年少時即展現出非凡的天資，因而親友們都明白他們有朝一日將成為體育明星。而傳奇的音樂家和家喻戶曉的電影明星也是如此。

從小就開始公開表演或演唱的人，總令人覺得他們在舞台上顯得極其輕鬆自在。然而，我們無須以這些音樂家、演員、運動家，以及史上最傑出的領導者作為指標。切莫因為世上有這些天才就妄自菲薄，認為自己小時候未曾展現卓越資質，不可能成長和發展為世界一流的人物。關於領導力的形成也是相同的道理。不論你在提升領導力的旅程上處於哪個位置，我確信你有著無窮的潛能等待開發。

不久前，我與某位人資經理談到特定領導者未能將潛力發揮到極致的問題。他表示，「坦白說，某些人天生具有領導基因，而其他人則沒有那樣的天賦。我不相信我們能夠教出卓越的領導人。」

我衷心尊重他的意見，但不同意他的看法。我親身見證過，某些人秉持著真心誠意、遵循正確的指導方針，不僅獲得啟發，更徹底轉變成為領導者。過去十年間，我工作上最大的殊榮是行走世界各地、與一些全球最卓越的領導人互動。而其現今的領導地位對於十幾或二十年前的他們來說，幾乎是遙不可及的。

麗思卡爾頓飯店集團（Ritz-Carlton Hotel Company）共同創辦人霍斯特・舒茲（Horst Schulze）坦承，他在事業初期似乎不太有希望成為領導者。依他的看法，任何人首先只要能夠出色地領導自己，假以時日就能發展出內在力量，進而成為傑出的領導人。[7]

世上總是有天賦異稟的領導者與經理人，他們擁有開發他人潛能和處理人資問題的優異技能，或是不同凡響的情緒商數，然而不具備這些天資的人，更應放手一搏、全力以赴使自己成為變革領導者。

變革領導的四大步驟

變革型領導顯然是個很好的概念，然而我們怎麼加以實踐？為了提升影響力和成為變革領導者，我們應如何積極投入一系列相關行動或流程？我們須採行四大步驟來實現變革領導，進而在企業文化變革上發揮極大影響力。（參照圖10.2）

在能夠促成他人或組織轉型之前，領導者必須先徹底轉變自己。而當組織的成員蛻變成功，組織文化也將完成轉型。一旦組織文化變革成功，組織本身也將徹底改觀。只要組織轉型根基穩固，其績效將突飛猛進，而且利潤將蒸蒸日上，使關鍵的利害關係人心滿意足。

接下來，個別檢視這四大領域，並闡明哪些具體的步驟有助於快速啟動每個流程。

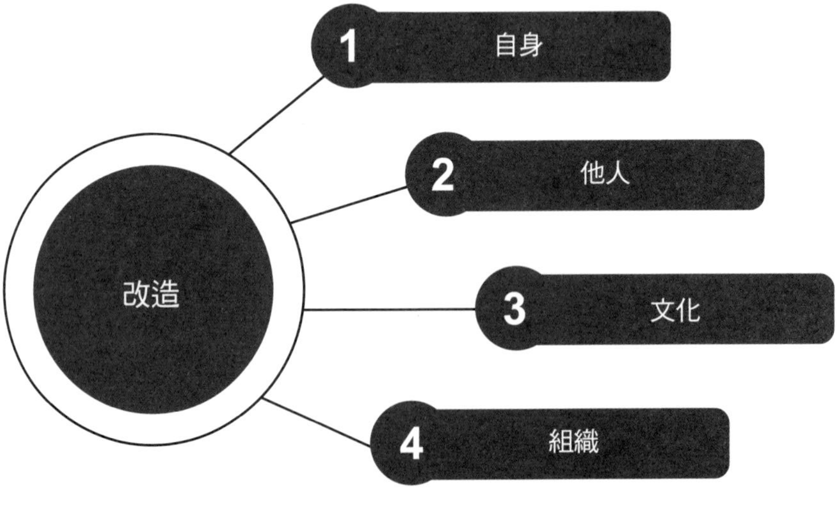

圖 10.2：變革型領導的四大步驟

步驟一：改造自身

一切始於領導者自身的徹底轉變。當領導者自我改造成功，將開始發生讓人意想不到的事情。一旦徹底轉變的領導者與日俱增，組織的影響力將隨著水漲船高。任何組織都應以增加轉型成功的領導者為目標。

一個領導者若具有特殊的溝通方式、非凡的啟迪他人的技巧、卓越的推動商務的能力，那麼他很可能完成了某種內在轉變。我們理應依據組織的規模來期許更多的領導者實現自身的變革。領導者自身人生所受影響愈多、轉變愈大，對於他人的影響與衝擊將愈卓有成效。

自我改造能以形形色色的方式發生。有些領導者因經歷個人悲劇而一蹶不振，人生隨著永久改變。某些領導人遭逢挫敗和面臨逆境時，反而精力充沛、為求達成使命而全力以赴。也有領導者因健康問題而領略到人生苦短。也有領導者始終熱愛成長和進步，因而成為終身學習者。

只要我們適度地加以引導，即可促成他們自我轉型。不過，能使領導者徹底轉變自己的方法不可勝數，而且對一位領導者行之有效的方式，不見得適用於另一名領導人。但是，一個人即使沒有經歷過改變人生的大事，或者未曾遭逢重大挫敗，也能夠實現自我改造。我們可以單純地把轉型想成一件必須全力以赴的事情，而一切始於意向明確地採取正確的下一個行動。變革是逐步演進的過程。而旅程始於堅持不懈地追求成長，堅定不移地尋求更上層樓，始終如一地將自己推出舒適圈，以及矢志不渝地探索自身種種獨特的力量。

馳名全球的史丹福大學心理學教授、暢銷書《致勝心態》（*Mindset*）作者卡蘿・杜維克

（Carol Dweck），將她的學術生涯奉獻於研究極度成功人士何以能夠出類拔萃。根據杜維克的研究成果，雖然天分、背景、資源和林林總總的其他因素都有一定的作用，但能夠帶來最重大改變的是心態。至關緊要的是我們擁有成長心態或是定型心態？具有定型心態的人認為，他們的天賦和現有的各種技能是預先決定，而且不是自己所能控制的。另一方面，成長心態則截然不同。抱持這種心態的人相信，不論一個人來自何種環境、具有怎樣的出身背景或是技能水平，都能夠隨著時間推移而成長與發展。這兩種心態另一個重大的差異在於回應逆境的方式。具有定型心態的人將時時尋找指責的對象，而不是利用挑戰或逆境來追求成長。抱持成長心態的人則相信，當前艱困處境的考驗有助於他們提升自我和更上層樓。[8]

卡蘿．杜維克的學術研究成果，以及採取成長心態的方法，這些年來已經普獲世界各地企業接受，當中包括許多大型的公司。某些企業更把成長心態融入他們的使命宣言。根據調查報告，這些擁護成長心態的公司旗下員工自覺獲得了更多的啟發，而且對於企業總體使命更加積極投入。另一方面，抱持定型心態的公司的員工則有較多不當和有毒的行為。養成成長心態並且日復一日加以實踐的組織，鼓勵甚至讚賞員工採取適度的冒險行動。發展與貫徹成長心態絕非易如反掌的事，然而領導者和組織將因此受益無窮。[9]

身為領導者理應深入領略成長心態。它將提供給你不可或缺的工具，藉以展開自我改造的過程。那麼，我們如何將其應用於領導文化變革或強化組織績效？鑒於變革或提升組織文化牽涉到大規模的行為轉變，最佳的著手方式是時時評估自己和直轄部屬是否堅持不懈地落實各項價值。

促進領導者自我轉型的動力還包括，在職場以外領域學習與成長的強烈渴望。你理當擬定個人發展計畫，藉以勾勒自我成長的方法，和規畫相關時程。在自我改造過程中，務必要始終如一地力求日進有功，而不能沉湎於過往的成就。假以時日，我們經年累月的努力將會帶來循序漸進的演變。而隨著時間推移，日積月累的成長將使你的為人、領導方法和影響力徹底改觀。

步驟二：改造他人

當領導者堅定不移地致力於追求自我成長與發展，他們的領導效能將與日俱進，而且他們影響和改造他人的能力也將日益精進。最高效的領導人理應把促成他人轉型視為日常職責中的一項目標。由於完成自我改造然後鼓吹大家實踐宣揚的價值，領導者自然而然地將教導和教練他人效法自己。

促成他人轉型的過程中有個關鍵要素，也就是理解你所領導或與你共事的每一個人都具有一些獨特的力量，同時也面臨著各式各樣的挑戰。我們必須將此事謹記在心，因為我見過太多領導者與人資經理，凡事採行一體適用的方法，而這已經不再行得通。高效的、朝未來前進的變革型領導者，必須精確理解團隊成員最迫切的需求，然後提供能夠滿足其需求的最佳途徑。

企業文化變革的領導者旗開得勝之道在於，首先釐清團隊成員在變革之路上所處位置，以及必須做出什麼樣的調整，來與組織文化達到協調一致。一旦團隊成員明白了自己當前所處位置，以及接下來理當何去何從，我們就不須再指示他們如何用不同的方式做事。而我們或許有必要與團隊成員一對一會談，並向他們提點確切的問題。

當期許自己啟發或改造他人時，我們自然而然地相信，這是務必要做的事。無論如何，我們必須積極聆聽和問對問題。我們愈用心傾聽且愈有能力從肢體語言或臉部表情辨識出痛點，就愈能把影響力發揮到極致。領導者不是治療師或心理學家，因此沒有人會期望我們洞悉團隊每個成員的心靈。然而，領導人如果真心誠意且始終如一地與部屬建立更深刻的連結，並且日益增進對他們的了解，將帶來令人驚奇的結果。理解團隊成員重視的事情，有助於我們啟發其靈感和扣動他們的心弦。即使大批員工獲得啟迪，並對新企業文化及其傳遞的訊息滿懷熱情，我們終究難以促成組織所有成員都徹底轉變，不過至關重要的是促使未完全投入和並非全然置身事外的人，將組織的目標連結到他們的個人目標。要做到這點，你不僅必須清楚團隊成員種種專業上的目標和抱負，也應當了解他們個人各式各樣的目標與抱負。

我的好友、《紐約時報》暢銷榜作家馬修．凱利（Matthew Kelly）寫過一本改變遊戲規則的書《夢想經理人》（暫譯，*The Dream Manager*）。[10]該書的基本概念是，企業及其領導人協助員工達成個人目標，可使公司直接受益。當領導者同時關懷團隊成員的專業抱負與個人發展時，將對員工授權賦能，使他們想為雇主發揮最大的潛能。

步驟三：改造文化

當領導人致力於自我成長和轉型，並時時著力於改造他人，將對企業文化帶來直接的影響，並促使其開始轉變。企業文化變革是屢屢促成他人蛻變的自我轉型領導者帶來的結果。而正如前文所言，要求組織全體成員全心全意投入打造卓越企業文化的過程，是不可企及的事情。

我見過太多領導人在造成最嚴重問題的員工身上，花費過多的時間和精力。不論領導者多麼努力企圖導正他們，這些麻煩製造者很可能永遠也不會改變。領導人不應浪費寶貴的時間，理當把這些時間運用於想要轉變但尚未確定方向的員工身上。

企業文化是組織反覆不斷的日常作為，當更多組織成員轉變其行為、與新企業文化達到協調一致時，企業文化轉型將隨之發生。企業裡愈多成員完成行為改造，文化成長與文化變革也將相應地日進有功。

領導者既有的工作繁重，當組織無畏地推行果敢的企業文化變革計畫時，有時會令領導人不知所措。這時較單純和有效的方法是，促成團隊裡一位最舉足輕重的成員達到組織期望的轉變，這不但能減輕領導者的壓力，也能使他與組織的日常過程產生連結、朝正確的方向邁出一小步。

這樣的心態能夠產生龐大的紅利。當所有領導者和人資經理都抱持類似心態時，將為組織帶來徹底的轉變。為使變革效能極大化，我們應找出那些全面擁護新企業文化、最具影響力的超級巨星等級的員工，並且鼓勵他們仿效領導者與人資經理的做法。

身為領導者或經理人，你必須持之以恆地提醒自己對於哪個領域握有掌控權，而且最能夠發揮影響力。如果一開始就想要改變一切人與事，不但會造成公司士氣低落，也將阻礙當前能夠促成的改變。變革領導者始終探索著，當下藉由企業文化對組織某個關鍵成員產生影響的方法。

步驟四：改造組織

隨著領導者完成自我和他人的改造，組織的績效將徹底改觀，從而對文化轉型產生直接的影響。前述落實變革領導架構的四大部分，對於打造成功的文化至關重要。這四個部分彼此密不可分而且相互連結。它們彼此相輔相成，而且缺一不可。

變革領導者將共同目的提升至更高的層次，藉以推動組織全面的成長，即使他們只負責監督公司的某個特定部門或是某項功能。當企業日益精進並且蒸蒸日上，對於組織裡每個人都將大有裨益。變革領導者期望他們的直屬團隊旗開得勝，並且成為所有其他團隊的楷模，而對他們來說，重中之重莫過於整個企業的成功。因此他們必須堅定不移地專注於排除官僚作風的傾向，以及改變會阻礙跨部門團隊合作的各自為政局面。當領導者專心致志於前述四個領域追求更上層樓和達到卓越境界，不但可望成為變革領導人，也將更具影響力。

打造領導力工廠

在創造非凡文化的過程中，領導力事關重大，而我總是意外地發現，企業在開發和提升領導力方面投注的時間和資源不足。如果公司著重強調領導者的發展和成長，組織不光只是在文化上，而是在所有層面都將受益無窮。

上個月，我與一家企業進行了探索性的首度會談，然後他們聘請我為即將召開的高階主管會議確定主旨，以及於會後提供半年的領導力訓練。我尚未展開相關工作，但已完成事前的盡職調查，對這家公司有了必要的了解。我竭盡所能力圖全盤了解目標受眾。當該企業執行長賈瑞斯和他的幕僚長與我首度會談時，我詢問了該公司面臨的最嚴峻挑戰，賈瑞斯回答說，其他領導者和經理人都須增進他們提供有效回饋的技能。

我全神貫注地聆聽他講述種種不滿，未曾打斷十五分鐘的抱怨。當賈瑞斯宣洩完之後，我問他是否有提供任何頻繁且持續不斷的領導力或管理發展計畫。

賈瑞斯回答說，「我們有考慮過，但是我們根本沒有時間。」恕我直言，我內心想著，這真是鬼扯。而在取得賈瑞斯的信任之後，我委婉地向他表達了內心的想法。

如果你沒有時間發展領導力，卻有時間抱怨領導者缺乏效能，那麼你毫無疑問會遭遇挫敗。我們已於第9章廣泛討論過，積極訓練和強化體現文化與價值的行為至關重要。請不要將此事與訓練所有員工促進文化永續影響力混為一談。我們目前探討的課題是企業領導者與經理人的培訓和發展。

企業內部理應注重領導力的開發，須時時拓展領導者與經理人的關鍵職能，從而提升領導績效。大多數領導力發展計畫的問題在於零零落落地分散於組織各處。換句話說，企業多半每年僅投注有限的數個月時間開發領導力，而且相關計畫並非兼容並蓄全體領導者和經理人。

我們應當以「打造領導力工廠」為目標，藉此持之以恆地促進所有領導者與經理人的發展，從而使他們得以開發部屬的潛能、為組織催生更多的領導人。確實這樣的領導力開發訓練，必須和第9章提及的文化與行為訓練相輔相成。開創領導力工廠的首要步驟是，採取恰如其分的心態。我們必須把領導者和經理人的發展視為最優先要務，甚至不可因商業上的種種需求而推遲或停止相關計畫。以下是我所謂的「恰到好處的心態」的一個絕佳例證。

星巴克如何重塑夥伴熱情

在二〇〇九年二月二十六日，星巴克所有門市店全都在下午五時三十分到晚間九時關店三個半小時，依據創辦人暨執行長霍華．舒茲（Howard Schultz）的指示進行咖啡師培訓。他在某次休假時聽到一些傳聞，指稱星巴克的咖啡師不再能調出美味的拿鐵。舒茲相信，身為全球業界巨擘的星巴克喪失了某些「傳奇色彩」和「精神」，而這是他無法接受的事情。於是，舒茲採取了行動，親自視察總店，並且明快地下令所有門市店執行咖啡師緊急培訓計畫。

舒茲大可只是下個指令，或是委由某個人來負責這項任務。然而，他採取了組織創辦人和領導者應有的行動。他親自參與其中，也讓經理人投入此事，最終更促使每家門市店熱衷於訓練計畫。他立下標竿，然後對全球各地星巴克咖啡店的領導者造成連鎖反應。

舒茲在題為「轉型待辦事項八號」備忘錄寫道，培訓計畫的目標是「教導、教育，以及分享我們對咖啡的愛意。」

星巴克全球咖啡與茶業務經理安-瑪莉．柯茲（Ann-Marie Kurtz）指出，這項措施旨在給予

「咖啡師真正放鬆以及實質弘揚濃縮咖啡藝術的機會。」

隨著麥當勞和當肯甜甜圈（Dunkin' Donuts）相繼搶攻咖啡市場後，星巴克的營收日趨下滑，當星巴克關店執行緊急培訓計畫時，當肯甜甜圈更趁機推出九十九美分的拿鐵和卡布奇諾咖啡搶市。

然而，舒茲的領導作為讓星巴克重振旗鼓，每週營收達四千四百萬美元，足證其具備強效的領導力。⓫

舒茲的案例顯示，領導力一如既往是最終帶來改變的關鍵重點。儘管全美各地門市只暫停營業幾個小時，這仍是一項艱難的重任，不過這是在領導力發展上開創先例必須做的事情。

這個案例的焦點不光是領導者與經理人及其嚴峻處境，它也凸顯出我們必須投注時間去發展和增長致勝心態，即使這意味著暫時中止營運。我們理應始終以公司領導者和經理人的發展為最優先要務。

這個案例也提醒我們，在世界瞬息萬變之際，領導者指引組織走向成功所需的綜合技能和職能也會隨著變動不居。沒人能預知未來將發生什麼徹底改變市場和工作方法的事情，因此我們理應做好應變的準備。更重要的是，領導者和經理人務必要做好充足的準備。

十年前派得上用場、行之有效的方法，如今可能已經全然不管用，而且當前能夠產生效用的方法，也有可能於幾年後失去功效。打造領導力工廠不僅有助於領導者開創卓越的企業文化，也能助益公司的接班規畫、人才的招募與培訓、職場的成就感等。企業總是強烈渴求發現和招攬能幹的新領導者，來執行新的流程與程序。我合作過的組織的資深領導團隊，始終堅持不懈地從外部尋覓著富潛能的領導者和高績效的經理人。這確實事關重大，不過我們更應著重於組織內部現有的領導者與經理人的能力發展。

這是組織能夠直接掌控的事情。**一切取決於組織是否堅定不移地，將既有領導者和經理人的訓練視為第一要務，以及相關的培訓達到何種卓越程度。**在聘用新領導者方面，我們將面臨諸多不確定因素，而當中有一些是組織無法控制的變數。

圖 10.3 是我們在伊利諾州 SGWS 公司執行的領導力發展計畫大綱，它清晰地描繪了打造領導力工廠和發展領導力、提升領導績效與推展商務的幾個主要目標。這些目標包括幫助更多經理人從良好進步到傑出的狀態，同時也持續促進最資深高階主管們的發展。

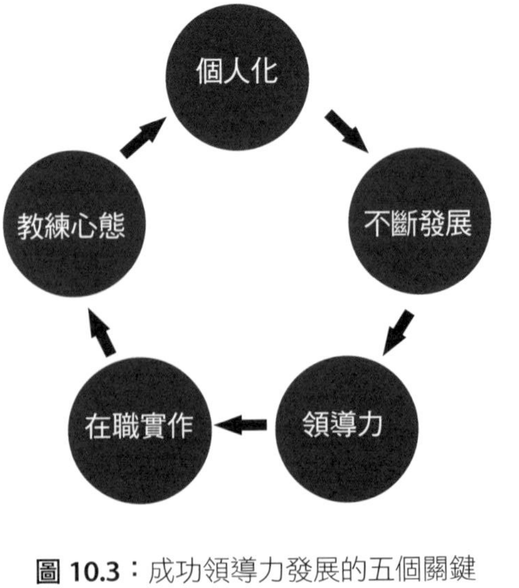

圖 10.3：成功領導力發展的五個關鍵

成功領導力發展的五個關鍵

以下是企業積極發展和提升全體領導者與經理人能力的五個關鍵重點：

一、個人化：所有計畫都應當量身訂做，好幫助領導者發展能推進商業績效的最重要綜合技能與職能。

二、不斷發展：從一開始即須表明，這將是頻繁、持之以恆且不斷發展的訓練方案。它不至於淪為偶爾執行的計畫，也不會在特別忙碌的月份或季度被迫中斷。

三、領導力：伊利諾州SGWS公司的家庭價值觀包含「一切講求領導力」，並且以此作為所有訓練案的核心精神。我們期望組織裡所有階層的領導者都得以發展，而不去考慮受訓者當前擔任什麼職位、擁有何種頭銜。

四、在職實作：召開每月例行會議或是規畫廣泛的訓練計畫並不足夠，為了發揮最大的影響力，我們必須著重強調在職實作。在每次會議、每項計畫、每回訓練期間都應進行某種練習，使受訓者能於日常扮演的角色中加以活用。

五、教練心態：將教練心態灌輸給所有受訓領導者與經理人，更要期許他們時時反思和透過對話來強調計畫引進的一切。

我們最初提出領導力發展計畫綱要時，大家普遍感到難以承受。而隨著時間推移和團隊成員日漸適應其步調，多數領導者對它的期許與日俱增。更重要的是，它產生了非凡的影響和成果。許多領導者與經理人獲得快速晉升，資深領導團隊也開始徹底轉型，而且履行職務的效能也大幅提升。

雖然計畫的主要目標在培養卓越的領導力，它也有助於我們掌握企業文化的推進方向，以及維繫可長可久的發展。領導者將做好更周全的準備來揭示和傳播公司文化、闡明企業文化如何影響組織成員的角色功能，以及贏得部屬的心。

當組織領導者的績效與綜合技能提升和極大化，將對公司文化產生正向的影響，從而對增進整體商業績效有所助益。

六個提醒事項

一、**績效**：永遠不要低估領導者與經理人在形塑或改造企業文化過程的重要性。我們有時可能會遭遇一些不利的外部因素，以至於跌跌撞撞，然而說穿了，一切事情的核心問題在於領導力績效。

二、**影響**：真正的領導力取決於為他人的生活帶來正向影響，和幫助他人更上層樓的渴想與能力，而且不會受到頭銜或職位的侷限。某些擁有老闆頭銜的人根本稱不上是領導者。

而有些人雖然沒有經理人或領導者的頭銜，但能夠在現有的位置上發揮影響力、獲得他人的敬重，而且大家會聽從他們說的話。

三、**願景、領頭羊、教練**：在打造企業文化的過程裡，各階層領導者的角色功能在於設定願景、擔任領頭羊，以及教練部屬追求卓越。我們不能只是引進新企業文化，更要創造扣人心弦的故事，和闡明策進企業文化之道，來使人們與企業文化產生連結、有能力想像更遠大的未來，以及在日常生活中實踐企業文化。當我們形成願景並且廣為傳播之後，接著要擔任領頭羊。領導者始終要充當開路先鋒。我們理當每週反躬自省，評量自己有否以身作則、成為體現企業文化的種種行為的楷模。然後，我們要教練部屬達到企業文化卓越之境。我們理應詢問部屬如何助其落實組織文化。我們須積極傾聽，並做出必要的調整。

四、**投入**：我們理當成為變革領導人。在有能力改造他人的心態和行為之前，我們必須反求諸己，時時評估自身有否持續轉變和進化。變革領導力始於領導者堅持不懈地投入自我提升的過程。領導者自我成長愈多，就愈有能力改變和啟發他人。組織裡完成轉型和受到啟迪的人愈多，企業文化將相應地進一步變革，使組織邁向卓越境界。

五、**領導力工廠**：務必要竭盡所能打造領導力工廠。此事千萬不可任其自然發展。所有領導者與經理人都應接受強制的綜合技能與職能訓練，好推進商業績效，及對企業文化產生直接影響。在追求組織文化的全面成功和深遠影響力方面，最重要的事情莫過於始終如一地訓練各層級的領導者。當整個組織的領導績效大規模提升時，一切事物都將獲益良多，而企業文化尤其將受益匪淺。

六、執行：我們必須確保領導力和管理訓練與在職實作產生直接關聯。卓有成效的訓練與發展計畫必須量身打造，而且應當著眼於消弭組織裡的領導力落差，以及鼓勵在職活用。

第11章

高效執行力

我朝著冰球即將去到的地方前進，而不是滑向它曾到過的地方。

——韋恩·格雷茨基（Wayne Gretzky），冰上曲棍球名人堂選手

管理領域知名作家暨思想家彼得·杜拉克曾說過，「企業文化把策略當作早餐。」確實，在某種程度上，我同意這個說法具有它的力量以及意義。但我也要抱持敬意地表達我的不同見解。儘管我贊同，倘若一家公司忽略企業文化、只是一貫地將時間與精力傾注於策略，所獲結果將微不足道。然而，杜拉克的說法會讓人輕易地解讀成策略不重要，還可能強化這樣的錯誤認知：只要專注於文化並且忽略掉其他一切事情，領導者即可獲致成功。

有鑒於本書聚焦於企業文化及重要性，你或許會對我的看法感到意外。我接連多年在絕大多數主題演說引用杜拉克那句話，而且有時仍會這麼做。不過，現今我會審慎地思考相關措辭，因為我發現過去引用杜拉克的話時常造成領導者誤解。現在我總是補充說，「這句話並無意貶低或小覷策略的重要性，然而就優先等級來說，企業文化才是王道，因為它將決定你執行和落實策略的成果。」

雖然我確信不是每位領導者都會誤解杜拉克的話，但發展卓越企業文化時最常面臨的困境之一是，對於驅動執行力感到無能為力。不少領導者相信在企業文化與策略之間做出抉擇是必要的，因為同時專注於兩者是行不通的事情。根據我與世界各地組織合作的經驗，認為以企業文化為第一要務徒然浪費時間的領導者，通常體驗過企業文化對策略執行毫無助益的負面結果。

創造正向、啟發人心且饒富意義的企業文化有助於提升職場環境，使員工得以成長並將潛能發揮到極致。當公司擁有不可思議的企業文化，將能輕而易舉地吸引和留住頂尖人才。與企業文化停滯不前或陷於有毒文化的公司相比，打造出世界一流企業文化的企業，員工享有更高層次的幸福感和成就感。

非凡的企業文化還能帶給組織意想不到的其他眾多事物，以及這本書先前已經談論過的益處。企業文化的目的是協助公司驅動員工的贏家行為，以利執行策略和達到至善之境。在這個過程之中，組織將獲得諸多正面的結果。比如說，獲得在地或全國媒體認定為頂尖企業、贏得豐厚的利潤、促成數一數二的員工投入度調查分數，或是使團隊成員享有成就感。雖然這些都是美好的事情，但它們並非能夠使企業文化永續發展的主要推動力量。任何組織都必須以企業文化為優先要務，但也不應該使企業文化與策略脫節。當企業文化與策略相得益彰且緊密連結，組織努力的成果才能引人注目地日益精進。

讓我們回到美式足球教練的案例上，看看他們當中一些人如何成為現今舉世最卓越的企業文化建構者。這些教練打造出卓絕的訓練計畫與球隊文化，因而名聞遐邇，但球隊縱然贏得冠軍殊榮，依然不會輕忽戰術手冊和戰略計畫，因為他們擁有足為表率的團隊文化。

假如一名總教練將所有時間投注在記者會上，光是高談闊論企業文化理論卻漠視講求實務的戰術手冊，以及克敵制勝的戰略，那麼他的總教練頭銜恐將不保。對於教練來說，企業文化是使球隊出類拔萃的骨幹。他們也深知，除了企業文化之外，球隊還須在策略和特定攻防技巧上投注許多精力和時間。**企業文化是培養和逐步灌輸贏家心態的利器，而策略則是為攻擊點擬定的行動計畫。**

在商業方面也是相同的道理。企業文化對企業至關緊要，能為組織內外帶來諸多美好的事物，而且它的目的是幫助公司贏得市場，以及驅動執行力。如果我們無法堅定不移地專注於促成企業文化與策略之間的連結，企業文化將被視為對於推動商務沒有幫助的無價值事物。當企業執行搶市策略和力圖提升整體績效時，企業文化縱使不是最舉足輕重的關鍵要素，也將是決定成果的重要因素之一。

傑出的企業文化為組織整體帶來的一切正面效益極其重要，因此絕對不可以任由這些正向效應遭到減損。倘若公司績效不彰，勢必會損及這些正面效益。有許多研究和證據顯示，企業的員工過得愈快樂，他們的生產力和績效將會愈高。

此刻可以思考一下：

- 我們是否逐一在每個部門，自最高層級向下逐層傳達公司策略上的優先要務？我們有沒有同時採納由下而上的取向、真心誠意地聽取部屬的意見？
- 對於哪些部門應由中央掌控、哪些理當解除中央控管，我們是否做出了正確的決斷？
- 我們有否促成公司全體成員在策略上協調一致，是否所有員工在各個過程都積極投入？
- 員工之間有無高層次的團隊合作與協作，是否能從而確保他們在公司成功的過程扮演關鍵角色與獲得成就感？

英國牛津大學賽德商學院（Sad Business School）一項持續半年的研究發現，對工作樂在其中的員工日常做事效率較高。研究人員每週發送電子郵件市調，員工自我評量幸福感，量表的範圍涵蓋「悲傷到極其幸福」。研究結果顯示，具有幸福感的員工每小時能夠較快速地做好更多事情，而且他們的工作成果超越不幸福的員工一三％。❶

讓員工對上班樂此不疲至關重要，而且能夠對他們的工作績效產生顯著的影響，然而這並非打造卓越文化過程首要的驅動力來源。在改造企業文化以強化商業績效上，許多領導者與經理人感到心餘力絀，這是因為他們相信，企業文化的主要功能只是讓人感到幸福。

而眾多的相對觀點並沒有使事情變得比較容易處理。各工會和諸多進步派政治人物堅決主張，員工幸福感理當優先於其他一切。更棘手的是，他們相信能增進員工幸福感的是一些額外的好處，比如說無限制休假、抗拒職場競爭、避免衝突、抵擋公司旨在擴張的內部變動等。然而，這些額外的福利會阻礙公司進步、致勝及提供給客戶不同凡響的體驗。

那些措施可能在短期內使員工感到快樂，但如果公司不能獲致成功、無法實現整體使命，那麼員工的幸福感最終將冰消瓦解。❷

費德列克．雷克海（Fred Reichheld）在《致勝的意圖》（暫譯，*Winning on Purpose*）一書中寫道，「我主張公司應促使員工為顧客竭心盡力，這有助於創造出卓越的職場，它將超越具競爭力的薪資待遇和各種福利造就的工作環境，也將為員工打造出具備目的和饒富意義的人生。」

這就是促進文化與策略緊密關聯所具有的力量。它能提升組織的績效、激勵員工秉持使命感，為了更美好的未來全力以赴。身為領導者與經理人，增進員工幸福感固然是重要的事情，但我們更應領悟，企業文化應該開創更大的格局。

在奠定了堅實的基礎之後，所有領導者與經理人須確保企業文化與商業執行策略協調一致。本章著重於探討商業成功和組織卓越之道。此刻你已為企業文化的持續成長打好穩固的根基，接下來專注於各項成果的時機已經成熟。

持續關注主要事物

在我和一家電力公司合作，協助資深領導團隊落實願景、打造卓越文化的過程，我注意到某些不太對勁的事情。這家公司資深領導者及約二百位各層級員工與我舉行首次會議時，他們對既有企業文化表達出南轅北轍的想法。我們在費城工作前數週，公司資深領導團隊備感壓力沉重。他們三年前在市場面臨了嚴峻的競爭考驗，而且整體績效一落千丈。

我事前已與高階主管和經理人進行過一對一會談，藉以更深入了解問題根源。最高層領導者向我表明，他們的員工欠缺提升或改造公司文化的熱情和動機。而且在三年多以前、公司還沒走下坡時，他們就開始不斷思考著這個問題。

我問他們這段期間針對既有文化推動了什麼變革措施，而他們回答說，對於該從何處著手始終毫無頭緒。其中一位高階主管麥可指出，「我們多次召開員工大會，而且資深領導團隊在這些會議中與各部門有過諸多討論，然而，麥特，這一切都無濟於事。」

該公司許多員工則對我表達了大相逕庭的看法。為人爽快的行政助理葛瑞絲甚至宣稱「公司的既有企業文化非常出色！」

這令我深感意外，因為常見的情況是，領導者總在宣傳職場環境的正向層面，而員工往往會揭露負面的事情。資深領導者和人資經理通常會說，公司的現行企業文化不同凡響，而在組織裡深耕的各團隊成員總是指出，「不可能變得更糟了。」那麼，這家公司究竟發生了什麼問題？

在首場正式的全體會議之前，我懷抱著好奇心力圖了解更多實情。我對該公司員工提出更多問題，試著讓他們更加敞開心胸，而不只是一味頌揚既有文化。我堅定不移地深入探究真相。

財政部門的經理人珊曼莎對我吐露，「五年前當我們試圖改造既有企業文化時，我們專注地著重於提升員工投入度調查分數，以及打破各自為政的格局。」

我問說，「結果如何？你們成功了嗎？」

「我相信，我們在這些方面成效斐然，然而在這個過程中，我們也逐漸喪失了對公司為何能脫穎而出的洞察能力。」

「這意味著什麼？」

「我們忘卻了過去成為市場領頭羊的有利因素。」

珊曼莎的回答令我茅塞頓開。

而剛在公司服務滿一年的第一線經理人吉姆的想法，更使我受益匪淺。吉姆先前在截然不同的產業任職，而且他的前公司是業界佼佼者。他期望職涯有所改變，於是轉換工作，進入迥然有別的產業做事。

他對我表示，「我真的很愛這裡的工作環境，然而公司裡每個人都認為，企業文化的宗旨在於使所有人感到幸福，以及賦予每個人自主權，這令我深感不可思議。」

我點頭對他的看法表示贊同。這家公司的員工很顯然沒能充分領略企業文化的意義。而領導者則未能使企業文化與策略產生連結，這是因為他們過度專注於達成組織內外各項調查的目標。使員工感到幸福、提高各項調查的分數、滿足組織成員的種種期待，都是至關重要的事情，而確保企業文化發揮效用、簡化願景與營運方式、提升市占率、增進生產力、提高獲利能力、確保公司長期存續，也都事關重大。基於當前的績效和體質積弱不振，若從提升員工士氣和促成一些小成就來著手，可能是比較務實的做法。

這就是該公司五年前的想法。當他們領悟到有必要提振公司整體士氣和活力時，他們採取了行動，並在主要的關切領域促成了顯著改善，然而隨著時間推移，進展的步調逐漸趨緩。他們的領導團隊為新文化打好基礎之後，忽略了必須使文化與商業執行力產生連結。令人遺憾的是，這樣的模式延續了好幾年。

當領導者察覺到有重大問題出現時，公司已經蒙受損害。員工對於行之多年的模式早就習以為常，並且認為「這就是公司今後一切事務的運作方式。」畢竟問題發生前各項調查都得出正面的結果，公司整體氣氛積極向上，員工更體驗了獨立自主的滋味。儘管曾有人擔心商業績效未顯著提升，然而大家普遍相信，隨著時光流逝，整體績效將會神奇地漸入佳境。

建構高績效且體質優異的世界一流組織，始終是我們主要的使命和目標之一。然而，我們必須謹記，還有更多事情等待我們去達成。如果只專注於某一個領域，而忽略掉其他領域，將難以確保組織長期存續和穩定發展。組織整體結構無法永遠僅靠單一的支柱來撐持。只憑一根支柱來維繫的公司，最終將隨著時光流轉而日趨衰敗，並且走向土崩瓦解。唯有面面俱到，方能確保組織固若金湯，而且我們須時時維護公司各支柱，慎防荒廢頹圮。支撐組織的周全結構能彌合策略與商業執行之間的鴻溝，從而開創強效的企業文化以助益公司完成優先要務，以及獲得日趨精進的成就。這就是堪為表率的商業執行力。而一切繫於始終著重首要的事物。

追求卓越

若要在高度競爭的市場中出類拔萃，我們必須成為不同凡響的領導者。SGWS酒業公司是一流企業執行力的典範。我已在前面的章節分享過伊利諾州SGWS的一些範例，並且從內部檢視了他們的企業文化變革方法，不過，SGWS公司的卓越故事要從他們的邁阿密總部說起。他們是美國最大的私有企業之一，營運範圍遍及四十四個州，年營收估計超過二百億美元。他們具有無與倫比的一以貫之的特色，而且在業界享有冠絕群倫的主導優勢。這種程度的成功與執行力絕非偶然發生。

商務長約翰·維提（John Wittig）是一位非凡的領導者，更是SGWS公司長年來稱霸業界的幕後關鍵力量之一。

為開創有助於策略和執行力的贏家文化，領導團隊所有成員理應提升領導績效，而更為關鍵的是，負責執行的領導者必須成為最傑出領導人之一。約翰．維提正是SGWS公司頂尖領導群的一員。我們很難找到對約翰持有任何負面看法的人。同事對他有極高的評價，而且非常肯定他對策略細節的重視，更讚賞無人能及的、激發他人將潛力發揮到極致的本領。

我對他的僕人領導（服務型領導）心態的起源深感好奇，這顯然是他身為領導者的核心精神。凡事均謹慎以對的約翰指出，他是這樣學習到僕人領導方法：「我成長於軍人世家，而且受過教師的專業訓練。在職涯初期，我領會了指揮與控制的領導方法不具效用。領導全然是關於怎麼使人們達到最佳境界，及如何以某種方式幫助大家看清全局。這就是我對每一位抱負非凡的領導者的建言。」[3]

SGWS的成功建立在約翰等資深領導者的非凡奉獻之上，而且也仰賴他們明快但又一絲不苟的商業執行力。這是他們的卓越成就的起點，但並非其贏得業界支配優勢的唯一憑藉。成為業界首屈一指的公司並非易如反掌的事情，而更困難的是始終如一地維繫獨占鰲頭的地位，以及持之以恆地超越過往的成果。據約翰表示，該公司的成功能夠維持不墜，絕大部分要歸功於創新、心繫未來和搶得先機的能力。

舉例來說，他們引以為榮的事項包括掌握業界最優質的資訊。他們推動數位轉型、建立了稱為 SG Proof 的電子商務平台，從而獲得最精確的數據，在業界獨領風騷貢獻卓著。這次數位轉型在許多方面具有重要意義，不但提升了客戶和供應商的體驗，也提供給ＳＧＷＳ公司洞悉市場趨勢的關鍵資料。SG Proof平台是ＳＧＷＳ公司真正獨一無二的致勝利器。

對ＳＧＷＳ公司來說，維繫一路走來獲致成功的商業模式，是得心應手的事。他們的成果無比豐碩，且已成為全美最傑出的葡萄酒與烈酒經銷商。多數的組織和領導者傾向於延續既有的致勝方法，因為合乎邏輯的普遍想法認為，只要事物能正常運作就別去改動它。無論如何，ＳＧＷＳ公司抱持「一切講求領導力」和「追求卓越」這兩大價值觀，而且對他們來說，將這些價值融入商業策略、「實踐公司宣揚的理念」是至關緊要的事情。

我們理應時時弘揚企業文化和獎勵實踐各項價值的員工。然而，如果公司秉持的價值不能和商業策略及執行力產生連結，那麼企業文化將難以徹底提升組織整體績效。

卓越的領導者不只是給予公司其他成員指引，更要無畏無懼地大膽冒險，以及充當開路先鋒、帶領整個產業邁向未來。

冰上曲棍球名人堂選手韋恩・格雷茨基的名言指出，「我朝著冰球即將去到的地方前進，而不是滑向它曾到過的地方。」

這是著眼於未來的、高瞻遠矚的思考方式。我們理當對未來走向深謀遠慮，並且堅定不移地勇往直前。約翰解釋說，「自鳴得意會阻礙公司將潛能發揮到極致。」

ＳＧＷＳ擁護「追求卓越」的價值觀，這意味著他們絕不允許過往的成就侷限未來的種種行動。他們絕不會躊躇滿志、故步自封。我見過眾多組織和領導者因昔日的成功而志得意滿、安於現狀。英特爾公司已故的共同創辦人、最出色的管理學思想家之一安迪・葛洛夫（Andy Grove）曾經說過，「唯偏執狂得以倖存。」

過度的恐懼和偏執妄想將迅速造成領導上的問題，不過每家成功企業的商業執行力和達到卓越之境的過程，都需要深植於組織精神內核的恰到好處的偏執。我們理當持之以恆地思考，「假如發生這樣的事情將會如何？」以及「我們能夠用什麼方法來改善這件事情？」採取前瞻未來的心態，可以增進將來的可能性、擴展我們的願景，以及提升組織的策略執行力。

追求卓越的第一個步驟是，做出能夠使我們不同凡響的決策。頂尖的領導者深深明白，複雜性是商業執行力、成功和建構高績效組織的大敵。若想出類拔萃不僅須發展卓越的企業文化，更要在商業績效與策略執行上有超越預期的表現。我們對於企業文化和策略始終必須兼容並蓄。

找出企業的DNA

我最喜愛的事情莫過於研究傑出的運動團隊和成就非凡的公司。他們即使沒有更多資源和更優秀的人才仍能冠絕群倫，學習致勝的方法令我全然樂在其中。曾為職業運動員的我，如今與某些最具優勢的公司合作，從而領略到所有最出色的團隊都有一個共通點：他們不但了解自身獨一無二的基因，並且能夠將它發揮到極致。

即使他們分屬不同的領域，倘若你能分析一下過去十年來最傑出體育選手的訓練計畫，將可輕易看出，他們善用了自身的強項、獨到之處、不同凡響的基因來增進優勢。

新英格蘭愛國者隊並非最耀眼的美式足球隊，除了兩位史上最傑出的球員湯姆．布雷迪（Tom Brady）和比爾．貝利奇克（Bill Belichick）之外，他們的陣容裡並沒有其他最高薪和最具天賦的選手。然而，不管發生隊友受傷或是成為自由球員的狀況，他們依然年復一年堅持不懈地追求勝利，於是這支球隊總是有機會角逐冠軍。他們的致勝策略憑藉紮實的基本球技、有限的判斷失誤，並且善加利用對手所犯錯誤。在大部分賽事中，他們於計謀、策略和執行等方面都超越對手。運動界深具影響力的知名球隊都找到，更善用了他們無與倫比的基因密碼。

迪士尼百年企業文化

迪士尼將獨步天下的基因融入一切的案例，也同樣讓人津津樂道。早在孩提時代，我就已經是第一手見證者。迄今我依然記得家人帶我到奧蘭多迪士尼樂園時的無比興奮心情。這不必然是因為全家人攜手度假，也並非全然出於我見到了最喜愛的一些迪士尼動畫角色，雖然這確實也是使我興奮莫名的原因。另有更加深刻的因素，令我至今仍然記憶猶新。在回想起當年以及再度造訪迪士尼世界時，我都能領會到自己內心如此激動自有道理。迪士尼了解其獨特基因與事業的精神內核、創造正向能量與賓客分享來締造情感連結，並且藉由難能可貴的現場體驗將其特質呈現出來。

華特・迪士尼不屈不撓且高瞻遠矚的夢想孕育了世界最成功的公司之一。迪士尼比任何公司更明白自身的特性、文化目的，以及使夢想成真的基因。

以下的六個重點歸納出美國文化與迪士尼企業文化及組織核心之間的關係。它們反映了美國的價值觀、傳統、習俗，而且也映照出日本東京和法國巴黎迪士尼樂園的國際特色。迪士尼與美國和國際文化的連結，在美國及世界各地獲致商業成功的一大要素。[4]

迪士尼全球化的組織文化及價值觀體現其對世界具有遠見的夢想，也映現公司對大眾及情感需求的深度了解。我總結得出的六項要點包括：

一、不斷創新
二、通情達理
三、注重品質
四、營造社群
五、講述故事
六、樂觀進取

我的好友、作家暨演說家凱文・布朗（Kevin Brown）不可思議的個人故事具體呈現了迪士尼這六項特點。他在《激發你的英雄潛能》（暫譯，*Unleashing Your Hero*）一書中憶述，數年前他與妻子麗莎帶著患自閉症的兒子喬許前往迪士尼世界度假，而一家人在神奇王國主題樂園吃早餐展開的這趟旅程，最後發展成為改變他們人生的難以置信的體驗。❺

每當布朗一家人外出用餐時始終必須告知廚師，喬許在飲食方面有諸多的限制。在他們於神奇王國主題樂園用餐那天早晨，行政主廚親自對喬許說，「早安，陽光小孩！我是碧，我知道你有特殊的飲食要求，請問我能為你做什麼？」

麗莎先前已告訴碧，喬許嚴格遵行無麩質飲食法。她並向碧描述自己在家裡如何為喬許準備和烹調食物。碧不僅專注地聆聽還做了筆記，然後對麗莎提出了一些問題：「妳在家裡還使用了哪些其他的無麩質食材？」、「在哪裡可以買到那種品牌的食材？」、「妳都怎麼調製食材？」

當碧最終詢問喬許，「陽光小孩，你最喜愛吃什麼早餐？」喬許欣喜若狂，毫不遲疑地回答說，「請給我蘋果鬆餅。」

「噢，親愛的，很遺憾的是，我們沒有所需的食材來做出你媽媽為你特製的那種蘋果鬆餅。」她回答說。「我們用一些特製的吐司、蛋和培根為你做一份早餐，這樣好嗎？」喬許接受了她的提議。

隔天早上，由於喬許提出要求，布朗一家人再度光臨那家餐廳吃早餐。

布朗全家坐定之後，行政主廚碧現身問說，「陽光小孩，你早餐想吃什麼？」喬許滿懷渴望地對碧說，「請給我蘋果鬆餅。」

「親愛的，沒問題！」

布朗一家人都大吃一驚。他們以為碧不會記得喬許的特殊飲食需求。難以置信的凱文問碧說，「妳還記得我們昨天來過啊？妳們昨天並沒有喬許點的蘋果鬆餅需要的食材。」碧解釋說，「我在回家的路上，買到了你太太告訴我的所有無麩質食材。你知道佛羅里達州到處都有食品雜貨店，對吧？任何人都可以去那裡買食材。」她淘氣地笑說。

喬許眉開眼笑，他可以吃到最愛的蘋果鬆餅了！

布朗全家人喜出望外。起初，他們不相信碧會派人專程為喬許採買食材，而當得知這名行政主廚因為一位顧客的特殊需求，而親自到食品雜貨店購買食材，他們全然感到不可思議。這是他們此生前所未見的事情。

在接下來的七天期間，布朗一家人每天都到碧的餐廳享用早餐。碧在職場對一個家庭展現出極致的關懷、帶給他們一生一次的珍貴經驗，這無疑是取悅顧客的高超典範！

此後，凱文在全美各地廣泛分享這個故事，讓大家明白全力以赴提供非凡體驗的重要性。迪士尼獨特的組織與商業基因，深植於他們一切作為的核心，而且驅動著他們稱霸市場的執行力。迪士尼樂園因為舉世無雙的基因和企業文化而成為世上最神奇的所在，行政主廚碧更是深諳不同凡響之道。他們力求出類拔萃，因而能夠提供給全球各地的顧客非凡的體驗，而且員工始終日復一日地實踐著卓越的企業文化。

迪士尼的品牌奠基於提供給賓客獨步全球的體驗，從而促進他們的樂觀心態、幸福感，以及具有遠見的夢想。我們不只能在廣為宣傳和強調的品牌訊息中領會到，更可從交付並對顧客產生影響的一切事物中看清這些。

我們的組織也能夠在執行上展現出遠見。有鑒於世界不斷變動，我們的發展和進入市場策略必然將隨著時間推移而改變。然而，當今最強勢且最知名的品牌，即使在全球市場不斷演變的情況下，始終能維繫企業基因。

SGWS公司七大戒律

約翰．維提曾對我說，SGWS的商業成功基礎主要奠立於，公司初始創辦人之一哈威．查普林（Harvey Chaplin）在一九七〇年代設定的「SGWS公司七大戒律」。儘管自一九七〇年以來，世局發生過諸多變動和演進，這七大戒律對於SGWS公司的文化和商業優勢依然發揮著舉足輕重的作用。以下是這七大戒律：

一、**人員**：理應聘用最優秀的人才並付給他們優渥的薪資。

二、**關係**：絕對不可停止與供應商和客戶的合作及服務關係。

三、**品牌**：在公司內部打造葡萄酒與烈酒品牌，然後積極地在公司外部發展品牌。

四、**創新**：不斷尋求各式各樣的成長機會。

五、**訓練**：訓練精良的銷售團隊絕對是無可取代的。

六、**營運上的投資**：對營運和後勤部門投注資源。

七、**對未來的投資**：準備好建立自家的「夢想園地」。

為何發現自家企業的商業基因是至關緊要的事情？因為正如同愛國者美式足球隊、迪士尼公司和SGWS的案例所顯示，那是推進執行力的指南針，而且它不會受到周遭世界種種變動的影響。找出自家公司的商業基因，可以簡化事情並使你專注於獨到之處，好提升商業執行力。

季度或是年度的市場條件與組織目標將改變公司的策略方向，然而商業基因是堅不可摧、根深柢固且生機勃勃的強大核心。當我們擁有健全的高效文化，將能影響和啟發彼此成為引路先鋒，並且使績效和成果徹底改觀。

所有的公司都有商業基因。至於它當前是否持續獲得落實並且得以貫徹在市場上，那又另當別論了。每家企業都應該努力發掘基因，並且想方設法廣為宣傳，更要採取行動、追求更進一步的執行力和成功。

具備動態的和傑出的企業文化無疑有助於我們脫穎而出，而且可使我們的策略和執行力不同凡響。

清晰的思路與領悟

約翰．維提堅定不移地致力於溝通工作，這是他引人矚目的特質之一。而且他的溝通方法非比尋常。他總是鉅細靡遺地傳達ＳＧＷＳ的商業策略和執行之道，對於關鍵的策略目標更有明確的定義，並且使其深植於多元異質的溝通管道。

約翰每週發送一次題為「商業沉思」的商務通訊，向所有的地區層級和州層級領導者分享關鍵趨勢，以及策略目標和領導力相關課題。這並非簡單概述公司各項標的與未來方向的電子郵件。約翰藉它來闡釋他著名的融入（Embed）、欣然接受（Embrace）與執行（Execute）三原則（簡稱Ｅ3原則）。他透過「商業沉思」提供公司致勝與主宰市場的路線圖和對策，並指引所有領導者為所當為。公司各地區與各州的領導者收到約翰的每週商務通訊後，也會把所獲資訊分享給部屬並給予相關的指導。

當我首度接獲約翰的每週商務通訊時，對他在其中投注的種種關切與思維深感訝異。於是想知道，約翰在日常處理繁重的職務之外，究竟如何騰出時間，竭心盡力寫下那些內容。

據約翰指出，ＳＧＷＳ現任執行長韋恩．查普林為公司的成功設定了方向，並且擬具了行動方案。約翰追隨韋恩並且將遠見轉變成執行的戰術藍圖，接著透過形形色色的方式將它傳達給所有成員。約翰表示，「我們對自身的世界一流溝通能力引以為傲。而一切都始於韋恩。他總是劍及履及。組織所有成員必須明白自身所處位置，以及我們作為一個團隊，未來將何去何從。」

我與ＳＧＷＳ十位來自多個州的領導者會談過，他們每一位都指出，及時跟進電子郵件是日常的一項挑戰，但他們都很期待約翰每週的商務通訊。堅持不懈地傳遞文化及意義、絕不任其自然發展，是至關重要的事情，而商業執行也是如此。

有些領導者覺得有必要對發展策略和行動方案保守祕密，絕不可與他人分享，這是我永難理解的事情。這麼做有什麼好處呢？所有組織的每一部門都有各自的特定目標，我時常留意各企業的員工，是否了解全盤的策略以及領導者如何走到當前這一步？資深領導者為組織發展策略，經理人可能也會參與其中，然而員工卻鮮少能夠廣泛共享公司的願景、整體策略，以及組織年度的重大目標。

如果一家企業的團隊成員不清楚這些要項、不明白工作的目標和原因，那麼我們怎能期望他們專心致志於執行公司的策略。只讓最高層或特定層級人士與策略和商業目標的老派官僚作風，已經不合時宜。這種做法不但將妨礙組織提振績效、削弱員工的忠誠度，也將凸顯出可能對職場環境產生重大影響的更嚴重深層問題。

組織打造更美好未來的所有動能和推動進步的種種努力，將因此輕易地冰消瓦解。人們不僅渴望弄清楚而且理應明白他們努力的目標，同時也須對大局有一些洞見，以便釐清任何疑惑或是誤解。

接下來要談論的是在商業策略與執行方面應當考量的若干事情，以及關於它們為何事關重大的一些說明。

商業願景與主題

我們理當思考，企業本年度有何抱負遠大的商業成功願景？是否有某個主題或是文化思潮能夠與我們的願景產生連結、它能被組織所有成員輕易理解和銘記在心？比如說，SGWS公司二〇二二年的主題是「專注」。每個字彙都能表達策略的一個不同層面。我們可以盡情去嘗試，但不要考慮太多。

由於商業願景與企業文化願景息息相關，我們理應堅定不移地分享和廣泛傳播商業願景。

策略目標

不論公司今年度有三項、五項或是七項策略目標，我們的優先要務是與所有成員分享這些標的。如此，領導者和經理人將從日常各項職責中獲得更深層的意義。這是理應時常發生而且須不斷更新的事情，好幫助成員們看清組織當前所處位置，以及未來的前進方向。

成長空間

即使公司去年欣欣向榮，今年在市場將面臨的情況有可能大相逕庭。身為領導團隊，至關重要的是辨識成長空間，並將發現的契機傳達給其他成員，以利今年持續在市場攻城掠地。我們不能只是廣泛地陳述或是提醒其他成員拿出超越前一年的成績。如果我們傳遞的策略目標曖昧不明，最終只會得到模稜兩可的結果。

戰術藍圖

何謂有助於加速成長的戰略藍圖？它是我們落實各項目標與善用成長空間的致勝策略。我們需要它來闡釋公司必須確切實現那些事情。

技能與職能

企業的成敗與成員最關鍵的技能和職能的廣度與深度息息相關。那麼，哪些技能及職能直接與商業成就有關聯？我們很可能只需要一到三項至關緊要的技能和職能，就足以促進公司成長。一旦我們辨識出關鍵的技能和職能，接著理應促使組織成員廣泛地具備這些能力。

與企業文化產生連結

在執行策略、落實商業願景的過程中，至關重要的是要有能力闡明企業文化與此過程產生連結的方式，以及企業文化如何在這個過程裡扮演舉足輕重的角色。即使你已辨識出達成成長所需的一些技能和職能，仍然應該謹記企業文化使你更上層樓。思考一下，企業文化目的聲明扮演著什麼樣的角色？我們也應探討組織的各項價值，以及實現這些價值的行為，能夠如何為我們鋪好前進的道路。

注重人才

國家美式足球聯盟 NFL 如何挖掘人才，養才？是一門賺大錢的生意。它與那種以球會友、對現實世界無須在意的高中美式足球天地截然不同。即使你熱愛並且傾心於美式足球運動，國家美式足球聯盟的商業取向仍然高於其他一切。球隊會依據天分和表現來評量及分析球員，倘若你沒帶給團隊附加價值，或不能幫球隊贏得勝利，則將在轉瞬間遭到汰換。此外，教練團和前台部門將時時觀察大學球隊或聯盟其他球隊的選手，以確認招攬他們是否有助於球隊克敵制勝。

除了文化之外，我從美式足球職業球員生涯學習到的最重要課題，無疑是注重人才。國家美式足球聯盟是競爭非常激烈的事業。大部分球迷都常耳聞球隊進行選手交易，而且不管球員是否具有價值，都可能成為交易對象。死忠的支持者通常會因此對球隊感到失望，甚至怒火中燒。

我記得，當我還在印第安納大學求學時，培頓．曼寧（Peyton Manning）離開了印第安納波利斯小馬隊（Indianapolis Colts），那時我遇見過許多小馬隊球迷，他們大多感到震驚，甚至對培頓這位貢獻卓著的招牌球員被球隊管理階層交易掉難以置信。

球迷感到失望或憤怒也無可厚非；多數忠誠支持者對球隊投注了豐富的情感，而且他們經常忽略職業運動是一門生意的事實。

身為商業領導者與經理人，我們可以從國家美式足球聯盟學習到珍貴的經驗教訓，並且運用到自己的組織。

我們理當注重人才，並且必須持之以恆地思考如何透過最具成效的方式，來尋覓、教練和培養英才。最優秀且最成功的商業領袖懂得效法國家美式足球隊總教練。他們每週研討和尋思如何吸引與留住頂尖高手、使球隊骨幹的潛能發揮到極致，以及確保團隊各成員適才、適性、適所的發展。

倘若我們對培養棟樑不予重視、不把它視為商業成長上第一要務，將釀成大錯。畢竟市場策略執行成果始終高度仰賴，組織整體人才與諸團隊成員的各式技巧和能力。

某些領導者習慣把育才相關事務交給人資部門全權處理，這是錯誤的做法，而且勢必付出高昂代價。領導人理應堅定秉持捨我其誰的心態，並且與人資部門及菁英養成團隊夥伴關係，在人才議題方面通力合作，而不宜委由他人全權負責。

國家美式足球聯盟的球探奔走全美各地、尋覓各大學球隊的高手，但他們並不負責整個求才過程，而是扮演舉足輕重的角色。他們為球團選秀探尋有潛力的選手、分析賽事錄影，以了解可造之材的強項和弱項，然後將資訊傳遞給教練團。前台部門和教練團會留意球探的初步觀察結果，而且他們與新秀選拔的過程休戚相關。因為不論球探多麼出色，選秀終究取決於傑出人選能否為球隊贏得勝利，而且關鍵在於後起之秀能否融入當前的選手陣容、迅速對球隊有所貢獻。在這方面，教練團能夠做出最佳的判斷。至關重要的是將這樣的思維邏輯運用到商業上。企業領導者或經理人深知，手底下的人才需要哪些最關鍵的技能和職能來幫助公司成功。我們錄用和延攬的任何新人，都會對企業文化與團隊績效產生顯著影響。

把人才相關的重大事務委由他人負責、沒有親自嚴格地監督和評量，是愚昧無知的做法。況且就業市場的挑戰和複雜程度正日趨嚴峻，培育俊才的重要性與日俱增。

最傑出的商業領導者會像最頂尖的美式足球教練那樣，以攬才為優先要務，並且秉持作育英才的原則為團隊增添新血。麗思卡爾頓飯店集團共同創辦人霍斯特．舒茲日前告訴我，每次飯店招募新人時，他都親自定奪求才的方針。[6]

舒茲的著作《卓越致勝》（暫譯，*Excellence Wins*）指出，「新員工理當學會的最重要事情不是如何鎖緊螺栓，或登入網路，或是找到牆上的急救箱。而是領會公司的本質、夢想以及存在的原因。」

多數領導者與經理人的普遍做法是把攬才的取向委由人資部門負責。但是請想像一下，如果公司的求才方針是由營運長或是某位共同創辦人主導，將帶來什麼樣的結果？這將對公司上上下下傳達強效的訊息，並且為新員工們設定明確的標竿。

一位企業執行長表示，他始終備有一個人才檔案庫，並且時時加以更新，以供未來延攬富潛力的新秀為公司效力。無論如何，注重人才的領導者不僅要對聘僱過程專心致志，更要始終如一地專注於持續獲得相關回饋，而不能只仰賴一年一度的審核。許多領導者發現年度審核過程效率不彰，這並非令人意外的事情。勤業眾信的調查顯示，將近六成的企業高階主管認為，公司的績效管理流程對於提升員工績效與投入度，效用微乎其微。眾多業界頂尖公司採行較為務實且具有成效的方法：他們追蹤特定專案與提案並與員工對話，以便即時獲取回饋及進行績效評量。[7]

至於美式足球等體育活動，假如只在球季結束時觀看賽事錄影和做出分析，而不是在每場比賽或每回練習之後及時做好，那麼球隊的成長與發展恐將微不足道。我們身為領導者與經理人，有責任堅持不懈地專注於我們指導與管理的人才。若能做到這點，不僅我們將受益無窮，員工更將因得以成長和發展而歡欣鼓舞。

六步驟打造高效執行力

一、**持之以恆地專注於主要事物**：企業文化的主要使命在於驅動商業執行力，好為組織的整體成功做出貢獻。我們應努力增進員工幸福感並竭盡所能開創正向的工作環境，但我們也須了解，這些並不是文化的首要功能。我們應該持之以恆地專注於主要事物。

二、**商業基因**：商業基因是企業獨樹一幟的深層本質，我們應確保所有領導者與人資經理都能領會，並且欣然接受公司的核心商業基因。我們理當明白，哪些因素使公司從眾多競爭對手中脫穎而出？我們能在哪些領域獨步全球和駕輕就熟地執行商業策略？

三、**傳播**：我們應始終如一地傳達公司的商業策略、願景，及促使與企業文化產生連結的方法。我們也須釐清孰輕孰重。要用心溝通，使所有成員了解，企業文化和行為宣言能夠如何加速策略的執行。不論是比照約翰·維提為領導團隊撰寫商務通訊，或是訴諸其他方式，千萬不可在溝通上一事無成，否則將難以推進執行力。

四、關懷未來：世界瞬息萬變，我們必須持續不斷地研究演進趨勢，好掌握最新的市場動向，以及構思出超越顧客和客戶預期的創新方法。志得意滿、不思進取，始終只會招致挫敗。我們理當思考，未來五年、十年或十五年，市場將何去何從？我們須借助逆向工程，然後專注於調適未來。

五、注重人才：我們理當像國家美式足球聯盟教練和體育界前台部門高層主管那樣，專注地關注人才。我們應和人資部門協作並建立夥伴關係，但切莫將相關事物全盤委由人資部門負責。最富成效且最成功的領導者總是堅定不移地尋覓頂尖英才、設想訓練和提升現有人才的方法，並且不斷地調高攬才與留住人才的標準。

六、力求不同凡響：我們始終要力求更上層樓，並且應不斷樹立新的標竿。追求商業卓越的起點始於成為不同凡響領導者的決心，我們理應精益求精，並當強烈渴求獲取非比尋常的執行成果。若能做到這些事情，我們的領導力將對公司、員工和集體的未來產生重大影響。

第12章

成爲企業文化推動者

不論你擔任的是守衛或是執行長的職務，都應持之以恆地審視自己的工作，並且反思你從事的工作如何與其他人產生連結、它與整個大局之間有何關聯，並要思考怎麼藉此來展現你最深層的各項價值。

——艾美．弗勒斯涅夫斯基（Amy Wrzesniewski），耶魯大學管理學院教授

當我們決心發揮企業文化推動者（Chief Culture Driver）的角色功能，我們需要的遠不只是嚴明的紀律和嚴謹的時程規畫。然而，不管你當前在企業裡擔任何種職位，或是擁有什麼位階或頭銜，一旦狂熱地投入企業文化推動者的角色，你將發現這是職涯裡最明智的抉擇。

所有領導者與經理人當前都會面臨到，理應抓緊時機、掌控局面，以創造世界一流的企業文化、使每個員工的潛能發揮到極致。當你真心誠意地欣然接受並且懷著企圖心實踐企業文化之道，未來無疑將更加光明且更為成功。

資深領導者即使剛開始投注時間打造公司文化，或是尚未把企業文化變革視為第一要務，只要當下著手去做，永不嫌晚。我遇見過一些職涯接近尾聲、打算於未來幾年退休的資深高階主管，他們認為在這個時刻扮演公司文化推動者的角色毫無意義。然而，我向他們和你保證，做任何事情永不嫌晚。

伊利諾州SGWS公司的泰瑞·布里克是個例子。儘管看不出跡象，但他吐露自己的職涯已接近終點，而即使已經不須投注時間和精力來改造和提升企業文化，他卻仍盡心盡力去做，而且為公司帶來了種種改變，公司在過去幾年間得到非凡的成果。他們的毛利成長遠超越營收成長，而且營收成長遠勝於銷售總額的增長。

這一切始於泰瑞冒險嘗試另闢蹊徑、將企業文化視為優先要務，以及促成使公司徹底轉變的決策。「我或許不是一向全力推動企業文化的人，但如今我已轉變為極力擁護企業文化的人。」泰瑞說道。「我並沒有太多感到後悔的事情，然而我的遺憾之一是未能盡早在職涯初期，奉獻足夠的時間與精力打造公司文化。但我也很慶幸自己未聽從腦海裡的負面想法，沒有相信此刻才致力於再造文化為時已晚。」

我要強調的重點是：當你決心扮演公司文化推動者的角色，你不僅啟動了打造更優質組織或造就更優異商業成果的過程，也同時昭示了自己將為組織帶來改變，並將對部屬和互動對象造成重大影響。也就是說，你將為公司引進「深植人心」的「人文」因素和「心理安全感」。

即使泰瑞說他身為領導者並沒有太多的轉變，但我有不同的看法，而且該公司員工的這些說法證明我沒看錯：

在新冠病毒肺炎疫情期間和前後時期，泰瑞．布里克的領導力始終卓越出眾。泰瑞總是平易近人，而他在過去幾年展現的領導力著實不同凡響。當我想到泰瑞時，內心湧現的是一位善解人意、激勵人心、名符其實的領導者。

公司的事情不會始終順順利利，然而我深知，有值得信賴的泰瑞領導我們，大家都可以放心。

我必須實話實說，我原本認為再造企業文化這件事情終將不了了之，然而，泰瑞不但帶頭示範如何落實「今天就一起變得更好」這個文化目的，而且成效卓著！

這位即將退休的資深領導人決心扮演文化推動者的角色，而且堅信此時著手也絕不嫌晚，這不但對他個人也對周遭的人們產生了深刻影響。我要再次提醒你，此刻動手去做絕不嫌晚。

不論你還能在領導或管理的職位上任職多少年，充當企業文化推動者的歷練將成為你職涯裡最有價值的資產。不要等到下一場危機或是新的困境發生了再來著手，**現在**就動起來，果斷地接掌為公司與團隊打造和提升企業文化的重責大任。

假如你剛開始從事管理工作，或者有志於擔任經理人，發揮公司文化推動者的功能是你的基本要務。倘若你想在職涯裡造成更大的影響並藉此平步青雲，最有助益的事情莫過於學習如何驅動和創建強效的贏家文化。是的，你理應執行策略並交付成果，但你更須堅定不移地推進企業文化，以提升執行力和加速公司成長步調。

我們必須領略企業文化的角色功能，也應明白有關企業文化的常見誤解，這有助於我們摒除那些對商業績效無實質效益且沒有意義的錯誤想法。我們理應時時以推動企業文化為己任，並且以身作則、成為落實企業文化的領頭羊。當下唯一重要的事情是，給予自己再接再厲的機會，並且腳踏實地奮勇前進、永不輕言放棄。在你向前衝刺之際，別忘了使一切得以發生的人們。

遠大的格局

史蒂芬・史匹柏（Steven Spielberg）於一九九三年十二月十五日推出《辛德勒的名單》（Schindler's List）這部巨作，後來贏得了奧斯卡金像獎最佳影片殊榮。這部電影改編自奧斯卡・辛德勒的真實故事，主人翁是德國商人，曾經在納粹德國屠殺猶太人期間拯救過逾千名猶太人的生命。❶

在電影開場時，連恩尼遜（Liam Neeson）飾演的奧斯卡・辛德勒（Oskar Schindler）是一名決心成功致富的商人。納粹黨鼓勵剝削猶太人的勞動力，辛德勒起初利用此事牟取暴利。然而，隨著時間推移，發生了令人難以置信的轉變。在第二次世界大戰戰事如火如荼升高之際，全體猶太人的終極命運日趨明朗，而辛德勒逐漸從貪婪的商人轉型為膽識過人且激勵人心的領導者。他開始認清猶太工人和他同樣生而為人，於是冒著失去生命與財富的風險，將自己的工廠轉化成為所有猶太人員工的庇護所。❷

電影中的納粹大屠殺倖存者伊扎克・施特恩（Itzhak Stern）指出，「拯救了一人生命的人，同時也救贖了整個世界。」在這個真實故事裡，比起開創成功的事業與創建高績效的組織，扮演堅韌不拔、如癡如狂、熱情洋溢的文化策進長角色，具有更加崇高的目的。辛德勒強而有力的果敢故事如今一再提醒著所有領導者與人資經理，理當勇於改變遊戲規則。辛德勒運用他的工廠拯救了眾多猶太人的生命，雖然我們不像他那樣面臨著生死存亡的處境，但我們依然能採行相同的心態來創造優質的職場環境，使所有員工獲得授權賦能，在從事富挑戰性且啟發人心的工作之際，得以日益精進和更上層樓。

當辛德勒改變觀點，把原先當成生財工具的猶太人視為和他無異的人類，他教導了我們，首先應當以對待人、而非用對待部屬的方式來領導員工。

公司的領導者、經理人和員工愈得以蓬勃發展，事業便會更加欣欣向榮。當企業文化能夠正向形塑和影響員工的生活，企業的整體績效將水漲船高。

致勝始終是我們的首要目標。但請謹記，求勝之際，不要忽略了更加複雜的遠大格局。贏家心態攸關我們在追求勝利的過程中將成為什麼樣的人、我們將啟發他人發展成何種人，以及如何使諸事變得更加美好。

我大部分的人生被貼上長期高成就者的標籤，而這些年以來，我的想法出現了重大的轉變。我曾經相信，決心比其他人投注更長時間賣力工作是正確的抉擇。然而，隨著年歲增長，我領會了更為明智的道理。

在年紀漸長的過程中，我們難免更頻繁地經歷親友亡故，或是目睹他們陷入各式悲劇而受苦受難。這些事情都會輕易地影響我們的人生態度和種種信仰。我們將更能體會重要的事情和無足輕重的事情之間的差異。

我依然是個工作狂，而且相信我的人生取決於在工作上勝過他人，以及做好各種準備。不過，我絕不會忽略更遠大的格局。身為領導者與經理人，看清大局將使我們的職涯受用無窮，而且我們的個人生活也將獲益良多。

堅持不懈地努力打造更優質的企業文化，具有更為深廣的意義，除了有助於我們獲得勝利的成果和豐厚的年度利潤，更能為我們開拓更深遠且更宏大的格局。這攸關人性的發展以及我們與他人之間的連結，而且將助益我們的整體表現，甚至使我們蒸蒸日上。而我們愈是專注於遠大的格局，愈是把它擺在心中最重要的位置，我們獲得的成果將愈加美好。

對領導者來說，最艱難的挑戰之一是退一步思考問題，以及平息周遭的騷動和雜音。分辨事情的輕重緩急極其不易，學會停下腳步、聆聽內心平靜的聲音也絕非易事。史蒂芬．史匹柏是歷來最傑出的導演之一，他對於人生和夢想曾經有感而發：

假若你懷有夢想，當它發芽時通常不會當著你的面大喊說，「你的餘生必須成為這樣的人。」夢想有時幾乎只對我們喃喃低語。我總是告訴我的孩子們：最難體會的事情——你的本能、你個人的直覺——它們的訊息總是輕微得幾乎讓我們聽不到；它們絕不會大喊大叫，導致我們很難領悟。

所以，你在人生中必須時時準備好傾聽夢想的輕聲細語。如果你能聽見那微弱到幾乎聽不見的聲音，而且它扣動了你的心弦，還使你領略了餘生想要做到的事

情，那麼你理當著手去實現這個夢想，而我們將因你做的一切事情受益匪淺。❸

神奇的組成要素

維珍集團（The Virgin Group）創辦人、商業巨擘理查・布蘭森（Richard Branson）指出，「我們首先要考慮的不是客戶，而是員工。只要好好呵護員工，他們將悉心照應你的顧客。」

商業弔詭之處在於，許多人很想成為贏家，他們對於達成目標念念不忘、運用各種策略來驅動商業執行力、在求勝的過程中全力衝刺，然而他們卻令人難以置信地輕易忘記，落實預定目標、交付給客戶與顧客非凡的成果，並不代表他們獲得了商業上的成功。具備卓越的策略並不意味我們將有傑出的執行成效。有能力推出世界一流的產品也不擔保必定將大發利市。

頂尖的企業文化不會憑空出現，而需要我們投注時間努力在公司內部培養文化種苗。這涉及到諸多更深層次的事情，而不是光靠辛勤工作和出色的點子就能成功。其中最核心的神奇要素就是——人。當奧斯卡・辛德勒於第二次世界大戰期間改變想法，不再把猶太工人當作生財工具，而將他們視為和自己無異的人類時，他學會了這個道理：人是神奇的組成要素，而且遠比獲取利潤和贏得賞識更加重要。

請思考一下，負責達成各項目標和確保諸事依計畫進行的是誰？形成贏家策略並著手執行和落實的是誰？設計產品和執行產品行銷與銷售的是誰？造就企業文化的又是誰？正是形形色色的人。儘管這幾年科技與人工智慧突飛猛進，人依然是組織近乎一切事物的核心。

而且，在我們的組織以外的世界裡，人們也作為消費者而存在於交易關係的接收端。為了贏得勝利，你得要全力衝刺盡快達到終點線。你專注於達標、做事和致勝，以至於遺忘了使你能夠得償所願的神奇要素，也就是你在企業裡領導的、將成果和體驗交付給客戶與顧客的人們。

打造世界一流的贏家文化的關鍵是專注於人。任何尋求提升企業文化的領導者或經理人都應優先考慮組織的成員們，並把他們視為首要的焦點。我們不能只靠產品、口號、內部提案、舒適宜人的工作環境來改造文化，更重要的是以人為優先的領導方式。只要你在一切事物中賦予所領導的人們核心地位，將可獲得重大的成果。

種種研究報告和資料可以佐證我所言不虛。大約有七成五的公司在力圖藉由內部變革計畫確保長期成功的過程中鎩羽而歸，而這些組織轉型失利的主要肇因在於，儘管他們多半設立了結構變革辦公室、擁有技術高超的資訊長、具有強烈的成功企圖，而且將大部分時間投注於落實變革新方案，卻鮮少考慮到負責使變革產生成效的人們。❹

我已在書中探討了許多可運用來改造企業文化的策略，然而倘若公司的文化變革計畫不是以人作為核心要素，那麼執行結果將會受到負面的影響。因此，我要重申，我們必須以人為本。

領導任何人本導向的、注重人心向背的企業遠比我們所能想像更加艱難。這是說到容易但要做到卻很困難的複雜事情。唯有我們優先考慮員工並且深得人心，員工的行為才會開始轉變，這時推行企業文化變革才可能成功。

由於商業步調飛快而且日常生活需求繁多，我們首先應只專注於相關戰術的執行和相應的成果。我們理當日復一日召開領導或管理會議，並於會議中不斷強調以人為本的重要性，使領導者或人資經理不至於忘了這項原則。

懷有非凡抱負的人自然而然地渴求採取更明快的行動，而且將對其他人產生壓力、激勵他們群起效法。領導以人為本的組織的一個最重要層面是，絕不可忽略了最終使事情得以完成的人們，也就是我所說的成功的神奇要素。而且我們不能只是偶爾談論它，更須把它視為優先要務，並且應該時時評量組織是否積極地實現此一原則。

當務之急

我們能用什麼方法領導和擴展以人為本的組織從而促成企業文化轉型？換句話說，領導人應當如何促使作為神奇要素的人們在組織裡實踐新企業文化？以下是我們應當專注的一些關鍵領域，聚焦於它們不僅有助於打造以人為核心的組織，更能助益我們改變和提升企業文化。

探索問題和聽取相關看法

拋開 PowerPoint 等簡報方式，邀請員工團體召開圓桌會議。徵詢員工對企業文化變革的感想，並探問他們能夠應對多大程度的改變。然後要詢問他們當前面臨了哪些問題。接著，我們應密切關注員工的種種回應。只要領導者與人資經理始終如一地尋求真正了解員工的心理狀態，並且對他們的活力、技能、工作環境和工作量深思熟慮，將可推動實質的進展。在鼓舞員工和珍視員工方面，除了做到一些必要的事情之外，我們還須付出更多。

所有領導者均重視財務資本的配置、管理和運用。每位領導者都必須秉持相同的心態來配置、管理和運用人力資本。對於員工和財務同樣關懷和了解的領導人，將站上更有利的致勝位置。❺

雖然道理看似簡單，但領導者和經理人通常沒能時時加以落實。扮演企業文化推動者的角色不能為提問而提問，而須拋出探索性問題，藉以確實領會員工的實際感受，然後採取行動來滿足他們的各項需求。

重新定義人資部門的角色

我最近在德拉瓦州一場會議向約四百名人資主管發表演說，內容重點之一是重新定義企業人資部門的角色。我特別強調，從過去幾年加速的商業步調可以確定一件事情：所有商業領導人必須改變他們關於人資部門角色功能的想法，而且理當更加注重人資部門對實際商業運作策略的奧援。如今各項技能的效用正持續加速失效，根據研究報告，當前種種技能的效用大約會在兩到五年之間減半，因此我們有必要在組織內部積極地研討相關議題。❻

這是至關重要的事情，因為即使公司具備優秀的訓練和發展人才的計畫，倘若沒有因應各項技能落差的具體設計，再出色的方案也將派不上用場。我們常見人資部門領導者成為企業的障礙，導致阻撓以人為本、使人才資本形成公司最大競爭優勢的過程。人資部門領導者理當與上司、商務和組織的策略需求產生更緊密的連結，而不只是被當成商業上的夥伴。他們應被視為幫公司創造價值的人。

百事（PepsiCo）、金寶（Campbell's）、詮恩（Trane）和泰科（Tyco）等公司前人資長賴瑞・科斯泰羅（Larry Costello）曾說：「最傳統的人資部門領導者注重過程和計畫，就人力資源來說，他們不會投入各項策略提案之中。他們不主動接受實戰考驗。我們理應增進人資部門的能力，而不是擴建人資部門。重點不在於擁有最卓越的健保計畫或薪酬方案，而在於人資部門應與種種商業需求協調一致。」[7]

各組織人資部門領導者另一項重責大任是把專注要項從「職務」調整為「技能」。在這個轉變的過程裡，各事業單位必須擺脫傳統的職務角色，並且在各開放職位選才過程，以是否具備特定技能作為衡量標準。當我們主要聚焦於特定技能，備選人才庫將更符合我們的要求。這樣的改變將對招募新血和吸引頂尖人才帶來重大影響。[8]

在重新定義人資部門角色功能的過程中，人資部門領導者不僅必須轉變，還須與組織其他部門齊心協力強化彼此的關係，以及闡明人資部門的關鍵角色。你的人資部門領導團隊成員是否參與策略和營運會議？答案若是否定的，那麼這是一個可行的著手推動企業變革之處。

衡量人資相關事務

多數傑出的領導者著迷於評量每個層面和一切細節，並且堅持不懈地追蹤公司實現主要目標的進度。無論如何，對於人力資源或者說「軟實力」相關的問題，他們通常視若無睹。

我期望你此刻已經領悟到，「軟實力」絕不柔軟虛弱，而是企業致勝和出類拔萃的基本要項。你閱讀本書時可能想知道，究竟要如何評量文化以及其他與人相關的議題。也有可能你在打開本書之前，早就已經思考過這些事情。關於文化，領導者最常見的假設是文化無法評量。我在過去領會到，這通常不是那些領導人乏缺評量能力的問題，而是他們對於文化或人資相關議題的重視程度遠不及其他議題。我要重申，企業文化的重要性與任何其他關鍵的商業指標不相上下，甚至於有過之而無不及。

重要的不只是打造傑出、健全和高績效的企業文化。密切觀察和評量組織的企業文化表現與實踐方式也同樣事關重大。每年進行一次的員工投入度調查並不足以評量企業文化變革成效，這不僅是因為調查不夠頻繁，也是出於如此獲得的回饋意見鮮少能夠具體落實，它們只會成為持續數週的研討議題，然後一切又將回歸常態。

全球最頂尖且最成功的公司時常評量企業文化。舉例來說，微軟公司各員工團體每天都會從內部電腦系統接收到一項問題。當微軟最初啟動文化變革計畫時，員工們被徵詢的問題之一是，公司領導者在實踐新文化上表現如何？❾這個絕佳的案例闡明了，最傑出的企業如何積極地尋求回饋和關鍵指標，來幫助他們改善和提升企業文化。

不管貴公司如何獲取員工回饋，領導者應確保關於文化和人資相關議題的調查與評量，絕非一年只做一次。組織資深領導團隊理應頻繁且持續不斷地獲取回饋和進行評量，這樣方能對其他成員發出強而有力的訊息。而當我們將回饋意見具體實現時，其他成員將更加確信，這不光是填寫調查表那樣流於形式的事情。

最近有位領導者告訴我，他們公司的員工厭惡種種民調，而且他們不需要更多的意見調查。我更深入追問後發現，真正的問題在於該公司資深領導者和經理人很少就員工分享的想法採取行動。而且，他們的提問方式始終未能向員工揭露機會所在和影響所及之處。

唯有當員工發現調查不會帶來任何改變時，他們才會對民調實際產生疲乏感。某些領導者有可能對評量文化和人資相關議題感到困惑。而最高效的領導人在強化員工滿意度及改善職場環境方面，會專注於一些對商業成果將有重大影響的優先領域。只要他們的專注領域極為簡練而且與商業成果有直接的關聯，便能更迅速且確切地持續追蹤後續進展。⑩

把一切組織起來

領導者職涯裡最重要的角色莫過於成為鍥而不捨且傑出的文化推動者。我很清楚你想要當贏家，也都關懷所領導的人，並且在乎自己身為領導者能否具有更加深遠的影響力。我也明白你關切組織對成員發展提供的種種奧援，以及創立贏家文化的過程。為何我會知道這些？如果你不關心那些事情，就不會選讀這本書，而從這一件事，我可以確認自己所須知道的關於你的一切。我能領會到，你致力於自我進化、不斷成長和更上層樓。而我唯一不能確定的事情是，當你闔上本書繼續領導組織、管理公司日常營運、照顧手下員工時，將會怎麼做。換句話說，我們應把閱讀和學習到的知識化為具體的實踐作為。正所謂「坐而言不如起而行」。

我寫作此書最大的期望是使你不僅領略到打造卓越企業文化的重要性，而且也形塑出可以付諸實行的行動理念。我在第5章介紹了建立世界一流企業文化的五大步驟，而每個組織在企業文化形構過程所處位置大相逕庭，有些組織可能必須全盤改造既有企業文化，某些公司或許有必要提升現有企業文化的特定層面，而有些企業則可能須啟動若干文化轉變，從而達到更優異的市場績效。

不論是前述哪一種情況，五步驟流程都可以做為貴公司企業文化之旅的引路明燈。當我們一絲不苟地規畫並且按部就班加以落實，五步驟流程甚至將發揮最大的效用。儘管如此，考慮到組織的各項需求和痛點，我們對於某個領域的專注程度可能有必要超越其他領域。

我從第6章開始強調，擬具文化目的聲明具有重大意義。企業文化目的宣言給予企業文化明確的定義，並闡釋公司的文化主張，可以成為組織文化的北極星指標。倘若文化目的聲明不淪為陳腔濫調而且獲得實行，其巨大的力量將促使組織更加團結一致並且無往不利。

在第7章裡，我們探討了獨一無二的、在組織中全面贏得人心的協作方法。這階段的過程要求所有資深領導者與人資經理積極聽取回饋意見，藉以了解員工和公司的種種強項、弱點和成長機會。我們在這個階段致力於協作，以實現公司的文化變革方案或重塑價值計畫。在這個過程中，每個成員對於創造更優質的企業文化都具有一定的責任，而且大家都有可能促成企業徹底的轉變。

本書第8章談論了啟動和落實新企業文化的策略，有助於企業推動文化轉型和大規模變革。在這個過程中，至關重要的是投注充足的時間發展溝通策略，以及擬具組織行為宣言、將核心價值連結到日常各項行動。

第9章的焦點是養成堅持不懈的心態、狂熱地執著於打造具有長遠影響力且能永續發展的企業文化。多數的案例顯示，企業致力於文化變革的興奮感和動能會迅速冰消瓦解。而要建構可長可久的公司文化，我們對企業文化事務必須常保滿腔熱忱。

改造和提升企業文化的最終步驟要求所有領導者與人資經理，擔任新企業文化的領頭羊，以及成為體現新價值的各項行為的角色楷模。公司領導團隊的表現不僅終將改變組織的市場績效，也攸關轉型過程中企業文化變革與商業執行力的成效。

我長年與諸多組織合作、帶領他們推動企業文化轉型，從中學習到的一項最重要課題是，我們應急所當急，但剛開始時要從小處著手，且不可操之過急。新投入企業文化變革的人可能滿心激動、熱情如火，然而企圖畢其功於一役可能落得事與願違。即使我們初始時從小處著手且按部就班去做，仍須對整個過程抱持強烈的迫切感，好隨著時間推移逐步累積動能，並且適時地急劇加速推進。

最終提醒

我從歷來與世界各地領導者和人資經理的共事經驗，以及寫作本書的過程學習到「人非孤島」，我也期望你已領略其中道理。我們相互和諧地在世上生活、合作、秉持人道精神造福彼此，並且竭盡所能以最佳方式回饋生命。這些是我們無法只憑一己之力做到的事情。

我在書寫時意識到，當人生最終階段來臨、還沒嚥下最後一口氣、生命之光離我而去之前，我的內心將感到好奇、想要知道是否一切事物都有它存在的道理。這包括我們稱為生命的現象，以及我教練高效領導者與企業文化推動者和提供相關建議的角色。我期望屆時能明白，自己這一生是否善始善終？有否為世界各地的其他人類帶來改變？我在世上是否具有舉足輕重的地位？有沒有滿懷熱情地教導和服務他人？是否不求回報地給予和付出？我將告訴自己，「我相信自己做到了。但願如此。」

這使我想起近日和麗思卡爾頓飯店集團共同創辦人暨嘉佩樂飯店集團創辦人霍斯特・舒茲的對話。霍斯特立下卓越領導者的標竿、帶領麗思卡爾頓飯店集團成為第一個獲得國家品質獎（Malcolm Baldrige National Quality Award）殊榮的以服務為基礎的組織，而且令人難以置信地兩度獲獎。

在服務業界，舒茲是位傳奇的領導者，眾人皆知，他的遠見重塑了餐旅和服務業界種種客服概念。舒茲在一九九一年獲《HOTELS》雜誌表彰為世界一流的飯店老闆，並於一九九五年因對推動品質管理貢獻卓著獲頒石川獎（Ishikawa Medal），接著又在一九九九年榮獲強生威爾斯大學（Johnson & Wales University）頒授餐旅業商管榮譽博士學位。⓫

舒茲闡釋說，「實質的領導力遠超越創建系統和方案。最重要的是人和目的。員工必須了解公司的宗旨，並且感到自己有所歸屬。企業的目的理應包含更崇高的意圖，藉以開創卓越境界。除非你的組織具有目的，並且促使員工與此目的協調一致，否則你將難以成為高效領導人。」

他也指出，「要向員工傳達公司的目的——更崇高的意圖——這涉及到市場和顧客需求相關討論。我們同時也應闡明，每位個別員工所具有的個人獨特價值。我們必須使他們明白自己受到重視。」

我們理當竭盡所能、更上層樓、立下標竿、帶來改變、發揮企業文化推動者的功能。打造不同凡響、可長可久的企業文化需要時間、努力和能量。這不是一蹴可幾的事情，也絕非一年半載就能完成。要促成公司文化徹底轉型或全面變革，始終需要比你所認為的更長的時間。而整個過程的挑戰性愈高，你最終達到的成就將愈出類拔萃，且更加令人心滿意足。

真正的企業文化推動者不會只是因為擁有頭銜而感到自豪，他們將全心全意投入沒有止境的推動企業文化使命。一旦我們啟動了這項使命，即展開了一趟無休無止的旅程。在這個企業文化之旅中，我們必須創造優質的職場環境來增進符合公司價值的種種行動和行為，好充實員工、顧客及公司觸及的任何人的生活。

當我們的心智與願景、夢想或是改造世界的期望產生連結，我們將孕育出神奇的精神境界。

企業文化推動者的承諾

我的使命是致力於協助各層級的領導者與經理人力爭上游，並促成他們扮演企業文化推動者角色。為了使大家更輕易地得償所願，我特地提供一個企業文化推動者承諾範例。此時已有領導者將它列印裱框，或是寫在記事卡片上隨身攜帶，以時時提醒自己為所當為，或是重新專注於最優先要務。

不論你選擇如何運用它，我確信只要你和部屬日常確切加以實踐，將在建構高效能、具影響力的卓越組織的過程，獲致良好的進展。你始終應切記，企業文化是打造高效卓越組織之道！

當機立斷……

我果斷地決心扮演企業文化推動者的角色。

我將毅然決然地努力提升公司和團隊文化。

我將斬釘截鐵地提醒部屬，推行企業文化變革不能坐而言、必須起而行。

我將堅決地一再重申，企業文化是我們最大的競爭優勢。
我將毫不遲疑地鼓勵部屬從小處著手，來增進企業文化影響力。
我將以身作則，進而啟發他人。

註解

第 1 章

1 Smith, Joe. "Coaching Titans Kerr, Maddon, Arians and Saban Talk 'Culture.'" The Athletic, June 24, 2021, https://theathletic.com/2647150/2021/06/24/championship-culture-real-or-overhypedcoaching-titans-kerr-maddon-arians-and-saban-weigh-in/

2 Clifton, Jim, and Jim Harter. It's the Manager (Washington, DC: Gallup Press, 2019).

3 Edelman. "2022 Edelman Trust Barometer." Accessed May 27, 2022, https://www.edelman.com/trust/2022-trust-barometer

4 Whitaker, Bill. "The Great Resignation: Why More Americans Are Quitting TheirJobsthan Ever Before." 60 Minutes—CBS News,January 10, 2022, https://www.cbsnews.com/news/great-resignation-60-minutes-2022-01-10/

5 Martins, Andrew. "Company Culture Matters to Workers." Business News Daily, December 1, 2021, https://www.businessnewsdaily.com/15206-company-culture-matters-to-workers.html

6 Beaudan, Eric, and Greg Smith. "Corporate Culture: Asset or Liability?" Ivey Business Journal, August 29, 2011, https://iveybusinessjournal.com/publication/corporate-culture-asset-or-liability/

7 作者訪談紀錄。

8 Mirza, Beth. "Toxic Workplace Cultures Hurt Workers and Company Profits." SHRM, September 25, 2019, https://www.shrm.org/resourcesandtools/hr-topics/employee-relations/pages/toxicworkplace-culture-report.aspx

9 Clifton, Jim, and Jim Harter. Wellbeing at Work (Washington, DC:Gallup Press, 2021).

第 2 章

1 The Sinclair Lab. "Welcome | The Sinclair Lab." https://sinclair.hms.harvard.edu/ Accessed May 29, 2022.

2 Clifton, Jim, and Jim Harter. Wellbeing at Work (Washington, DC:Gallup Press, 2021).

第 3 章

1 Pressfield, Steven. The War of Art (New York: Warner Books, 2003).

第 4 章

1 Wise, Jason. "Netflix Statistics 2022: How Many Subscribers Does Netflix Have?" EarthWeb, June 16, 2022, https://earthweb.com/netflix-statistics/

2 "Netflix Gross Profit 2010–2022." MacroTrends, https://www.macrotrends.net/stocks/charts/NFLX/netflix/gross-profitAccessedJune 22, 2022.

3 Dewar, Carolyn, Scott Keller, and Vikram Malhotra. CEO Excellence (New York: Scribner, 2022).

4 Gino, Francesca, and Bradley Staats. "Why Organizations Don't Learn." Harvard Business Review, November 1, 2015, https://hbr.org/2015/11/why-organizations-dont-learn

5 Gupta, Gaurav, and Rachel Rosenfeldt. "The Case for Change Leadership in Development Projects." Kotter, May 6, 2021, https://www.kotterinc.com/research-and-insights/development-projects/

6 Deloitte, "A New Twist to an Age Old Question: Does Culture Create a Leader, or Can a Leader Create Culture?" November 18, 2016, https://www2.deloitte.com/us/en/pages/human-capital/articles/the-culture-or-the-leader.html

第 5 章

1 Peters, Tom. Excellence Now (Chicago: Networlding Publishing, 2021).

第 6 章

1 Samuels, Doug. "Mel Tucker Details the 'Relentless' Mindset He Demands of His Staff and Players." Footballscoop, March 17, 2022, https://footballscoop.com/news/mel-tucker-details-the-relentlessmindset-he-demands-of-his-staff-and-players

2 "Beyond Strength: Changing the Culture of Indiana Football." Beyond Strength, December 12, 2020, https://beyondstrength.net/2020/12/12/changing-the-culture-of-indiana-football/

3 Wertheim, Jon. "How Tom Allen Invigorated a Dormant Indiana Program." Sports Illustrated, August 24, 2021, https://www.si.com/college/2021/08/24/tom-allen-indiana-football-revival-daily-cover

4 Zeis, Patrick. "Nick Saban's Process: A Methodical Grind Towards Greatness." Balanced Achievement, January 19, 2018, https://www.balancedachievement.com/psychology/nick-sabans-process/

5 Gordon, Jon, and P. J. Fleck. Row the Boat (Hoboken, NJ: Wiley, 2021).

第 7 章

1 Bariso, Justin. "Google Spent Years Studying Effective Teams. This Single Quality Contributed Most to Their Success." Inc.com, January 7, 2018, https://www.inc.com/justin-bariso/google-spentyears-studying-effective-teams-this-single-quality-contributedmost-to-their-success.html

2 Duhigg, Charles. "What Google Learned from Its Quest to Build the Perfect Team." NewYork Times, February 25, 2016, https://www.nytimes.com/2016/02/28/magazine/what-google-learnedfrom-its-quest-to-build-the-perfect-team.html

3 艾美・艾德蒙森（Edmonson, Amy）所著《心理安全感的力量》（*The Fearless Organization*）(Hoboken, NJ: Wiley, 2018).

4 Harter,Jim. "Employee Engagement on the Rise in the U.S." Gallup, August 26, 2018, https://news.gallup.com/poll/241649/employeeengagement-rise.aspx

第 8 章

1 Clifton, Jim, and Jim Harter. It's the Manager (Washington, DC: Gallup Press, 2019).

第 9 章

1 Gordon, Jon, Dan Britton and Jimmy Page, One Word That Will Change Your Life (Hoboken, NJ: Wiley, 2013).
2 SHRM. "In First Person: Satya Nadella." September 25, 2020, https://www.shrm.org/executive/resources/people-strategyjournal/fall2020/pages/in-first-person.aspx
3 約翰・麥斯威爾（Maxwell, John C.）的著作《從內做起》（*Developing the Leader Within You*）(London: Thomas Nelson, 2012).
4 Peters, Tom. Excellence Now (Chicago: Networlding Publishing, 2021).
5 Garton, Eric, and Michael Mankins. "Engaging Your Employees Is Good, but Don't Stop There." Harvard Business Review, December 9, 2015, https://hbr.org/2015/12/engaging-your-employees-is-goodbut-dont-stop-there
6 Reichheld, Fred, Darci Darnell, and Maureen Burns. Winning on Purpose (Boston: Harvard Business Review Press, 2021).
7 Colvin, Geoff. "Great Job! How Yum Brands Uses Recognition to Build Teams and Get Results." Fortune, July 25, 2013, https://fortune.com/2013/07/25/great-job-how-yum-brands-uses-recognitionto-build-teams-and-get-results/
8 CNBC. "Power of Recognition: David Novak." May 11, 2016, https://www.cnbc.com/video/2016/05/11/power-of-recognition-davidnovak.html.
9 Abbot, Lydia. "Q&A with Pfizer's L&D Leader Sean Hudson." LinkedIn, August 3, 2021, https://www.linkedin.com/business/learning/blog/learning-and-development/how-pfizer-is-usinglearning-development-to-build-the-future-of-work

第 10 章

1 Keller, Scott. "High-Performing Teams: A Timeless Leadership Topic." McKinsey & Company, June 28, 2017, https://www.mckinsey.com/business -functions/people-and-organizationalperformance/our-insights/high-performing-teams-a-timelessleadership-topic
2 Oltersdorf, Dan. "Better Results? Eat More Chicken. Interview with DanCathy,CEO atChick-Fil-A." www.linkedin.com, 7February2018, https://www.linkedin.com/pulse/better-results-eat-more-chickeninterview-dan-cathy-ceo-oltersdorf
3 Yakola, Doug. "Ten Tips for Leading Companies Out of Crisis." McKinsey & Company, 14March 2014, https://www.mckinsey.com/business-functions/strategy-and-corporate-finance/ourinsights/ten-tips-for-leading-companies-out-of-crisis
4 作者與蓋瑞・里吉的訪談紀錄。
5 Ugochukwu, Chioma. "Transformational Leadership Theory." Simply Psychology, October 4, 2021, https://

www.simplypsychology.org/what-is-transformational-leadership.html
6 Bass, Bernard M., and Ronald E. Riggio. Transformational Leadership (Hove: Psychology Press, 2005).
7 Schulze, Horst and Dean Merrill. Excellence Wins (Grand Rapids, MI: Zondervan, 2019).
8 卡蘿・杜維克（Dweck, Carol S.）所著《心態致勝》（*Mindset*）(New York: Ballantine Books, 2007).
9 Dweck, Carol S. "What Having a Growth Mindset Actually Means." Harvard Business Review, January 13, 2016, https://hbr.org/2016/01/what-having-a-growth-mindset-actually-means
10 Kelly, Matthew, The Dream Manager (New York: Hyperion, 2008).
11 ABC News. "Starbucks Shut Down 3.5 Hours for Training." February 9, 2009, https://abcnews.go.com/WN/story?id=4350603&page=1

第 11 章

1 Broom, Douglas. "Happy Employees Are More Productive, Research Shows." World Economic Forum. November 13, 2019, https://www.weforum.org/agenda/2019/11/happy-employeesmore-productive
2 Reichheld, Fred, Darci Darnell, and Maureen Burns. Winning on Purpose (Boston: Harvard Business Review Press, 2022).
3 作者與約翰・維提的訪談紀錄。
4 Williams, Alex. "Disney's Organizational Culture for Excellent Entertainment." Panmore Institute. December 17, 2017, http://panmore.com/disney-organizational-culture-excellententertainment-analysis
5 Brown, Kevin D. Unleashing Your Hero (New York: HarperCollins Leadership, 2021).
6 Schulze, Horst and Dean Merrill. Excellence Wins (Grand Rapids, MI: Zondervan, 2019).
7 Charan, Ram, Dominic Barton, and Dennis Carey. Talent Wins(Boston: Harvard Business Review Press, 2018).

第 12 章

1 Lowe, Lindsay. "Schindler's List Turns 25: Powerful Quotes from the Classic Drama." Parade, December 15, 2018, https://parade.com/724053/lindsaylowe/schindlers-list-turns-25-powerfulquotes-from-the-classic-drama/
2 "Evaluating Ethics and Leadership in Schindler's List—Humphrey Fellows at Cronkite School of Journalism and Mass Communication—ASU." Blog. February 26, 2013, https://cronkitehhh.jmc.asu. edu/blog/2013/02/evaluating-ethics-and-leadership-inschindlers-list/
3 "Listen to the Whisper Speech from Steven Spielberg." Accessed June 18, 2022, https://esteemquotes.com/listen-to-the-whisperspeech-from-steven-spielberg.html
4 Messenböck, Reinhard, Michael Lutz, and Christoph Hilberath. "Challenges of Transformation– Putting People First." BCG, June 19, 2020, https://www.bcg.com/en-us/capabilities/businesstransformation/change-management/putting-peoplecenter-change
5 Charan, Ram, Dominic Barton, and Dennis Carey. Talent Wins(Boston: Harvard Business Review Press, 2018).
6 Deloitte United States. "The Future of Enterprise Demands a New Future of HR." Deloitte, December 11, 2018, https://www2.deloitte.com/us/en/pages/human-capital/articles/future-of-hr.html
7 Charan et al. Talent Wins.
8 Pearce, Jonathan, and Michael Griffiths. "4 Ways HR Leaders Can Reimagine the Great Resignation as an Opportunity." HR Dive, January 10, 2022, https://www.hrdive.com/news/4-ways-hrleaders- can-reimagine-the- great-resignation- as- anopportunity/616855/

9 Dewar, Carolyn, Scott Keller, and Vikram Malhotra. CEO Excellence (New York: Scribner, 2022).

10 Dewar et al. CEO Excellence.

11 Faith Driven Entrepreneur. "Horst Schulze & Faith Driven Entrepreneur." June 29, 2020, https://www.faithdrivenentrepreneur.org/bios/horst-schulze

國家圖書館出版品預行編目(CIP)資料

一流企業如何打造致勝文化／麥特.梅貝里（Matt Mayberry）著；
陳文和譯. -- 初版. -- 臺北市：城邦文化事業股份有限公司商業周刊,
2023.09
304 面；17 × 22公分
譯自：Culture is the way : how leaders at every level build an
organization for speed, impact, and excellence
ISBN 978-626-7252-80-2(平裝)

1.CST: 組織文化　2.CST: 組織管理　3.CST: 企業管理

494.2　　112008775

一流企業如何打造致勝文化

作者	麥特·梅貝里（Matt Mayberry）
譯者	陳文和
商周集團執行長	郭奕伶

商業周刊出版部

總　　監	林　雲
責任編輯	盧珮如
封面設計	賴維明
內頁排版	邱介惠
出版發行	城邦文化事業股份有限公司 商業周刊
地址	104 台北市中山區民生東路二段 141 號 4 樓 電話：(02)2505-6789　傳真：(02)2503-6399
讀者服務專線	(02)2510-8888
商周集團網站服務信箱	mailbox@bwnet.com.tw
劃撥帳號	50003033
戶名	英屬蓋曼群島商家庭傳媒股份有限公司城邦分公司
網站	www.businessweekly.com.tw
香港發行所	城邦（香港）出版集團有限公司 香港灣仔駱克道 193 號東超商業中心 1 樓 電話：(852) 2508-6231　傳真：(852) 2578-9337 E-mail：hkcite@biznetvigator.com
製版印刷	科樂印刷事業股份有限公司
總經銷	聯合發行股份有限公司 電話：(02) 2917-8022
初版 1 刷	2023 年 9 月
定價	450 元
ISBN	978-626-7252-80-2（平裝）
EISBN	9786267252840（PDF）／9786267252857（EPUB）

Culture Is the Way: How Leaders at Every Level Build an Organization for Speed, Impact, and Excellence
by Matt Mayberry

金商道

The positive thinker sees the invisible, feels the intangible,
and achieves the impossible.

惟正向思考者，能察於未見，感於無形，達於人所不能。 —— 佚名